◇はじめに◇

大阪府公立高等学校一般入学者選抜における，数学Ｂ問題･Ｃ問題では，図形分野の配点が大きく，しっかりと得点できるかが入試の合否にも大きく影響します。そのため，徹底的に図形分野を演習し，合格を勝ち取りたい人のために，本書を編集しました。大阪府公立高等学校一般入学者選抜の過去の出題内容を分析し，多くの私立高・公立高入試問題から，対策としてふさわしい問題を厳選しています。自分の学習状況と志望校をふまえながら，本書を上手く入試対策に活用してください。また，入試直前期には，英俊社が出版している，最新の過去問題集「公立高校入試対策シリーズ＜赤本＞」と，入試本番の試験形式に沿って演習できる「大阪府公立高等学校　一般　予想テスト」を仕上げて，万全の態勢で入試に向かってください。

◇ もくじ ◇

平面図形

□ テーマ別基本演習 …… 4
→大阪府公立高入試の頻出または基本となる内容をテーマ別に掲載

テーマ1　相似／平行線と線分比
テーマ2　平行線と面積・面積比
テーマ3　円周角の定理
テーマ4　三平方の定理
テーマ5　証明

□ 実戦問題演習Ⅰ ……… 9
→Ｂ問題受験生をメインとした対策問題

□ 実戦問題演習Ⅱ ……… 22
→Ｃ問題受験生をメインとした対策問題

空間図形

■ テーマ別基本演習 …… 34
→大阪府公立高入試の頻出または基本となる内容をテーマ別に掲載

テーマ1　基礎的な性質／計量問題
テーマ2　相似比と体積比
テーマ3　三平方の定理と方程式の立式
テーマ4　体積を2通りに表す
テーマ5　立体の分割

■ 実戦問題演習Ⅰ ……… 39
→Ｂ問題受験生をメインとした対策問題

■ 実戦問題演習Ⅱ ……… 51
→Ｃ問題受験生をメインとした対策問題

別冊　解説・解答

※本書の一部に過去の大阪府公立高入試の問題を掲載していますが，最新の「公立高校入試対策シリーズ＜赤本＞」と問題の重複はありません。また，学校名・都道府県名の記載がない問題は弊社で作成した問題です。
※数学Ｂ問題・Ｃ問題を出題する学校の一覧など，最新の入試情報については大阪府教育委員会のホームページでご確認ください。

◇傾向と学習のポイント◇

過去に出題された大阪府公立高等学校一般入学者選抜　数学B問題・C問題を分析した結果から分かる出題の傾向と学習のポイントを以下にまとめました。（新型コロナウイルス感染症対策による臨時休校の影響などで出題範囲の削減があった年度は，傾向が異なるため分析対象から除いています。）

平面図形，空間図形とも，「相似」と「三平方の定理」を利用する計量問題が出題の中心です。年度によっては，平面図形が円を題材とした出題となり，「円周角の定理」が含まれます。

B問題

平面図形

＊証明問題は三角形の相似の証明が中心。いくらか段階を踏む問題であることが多い。

＊平行線と面積の関係（等積変形）を利用する問題が出題されることがある。→P.5 テーマ2

空間図形

＊文字式と三平方の定理を利用して方程式を立式し，それを解いて線分の長さを求める内容が含まれることが多い。→P.36 テーマ3

＊「相似」「三平方の定理」を利用する標準的な問題であることが多いが，プラスして「相似比と体積比（→P.35 テーマ2）」など含むことがある。

その他／全般的な特徴

＊選択問題…主に空間図形で，直線や面の位置関係を問う問題が出題される。

＊文字式を利用する問題…単問あるいは大問中の設問として出題されている。

＊角度の要素を含む問題…実際に角度を求める，解く過程で角度を計算する必要がある，など。

学習のポイント

相似，三平方の定理，円周角の定理の基本はもちろん，平行線と面積の関係，円周角の定理の逆など，教科書に記載があるような図形の性質はきちんと理解しておく。

C問題

平面図形

＊証明問題は，三角形の合同・相似に関する内容だけでなく，二等辺三角形や平行四辺形であることの証明，円周角の定理の逆，中点連結定理の利用など，題材が様々で，難易度も年度によって幅広い。

空間図形

＊文字式と三平方の定理を利用して方程式を立式し，それを解いて線分の長さを求める内容が含まれることが多い。→P.36 テーマ3

＊立体の分割を利用して体積を求める問題がよく出題される。→P.38 テーマ5

その他／全般的な特徴

＊高さが共通な三角形の「底辺比＝面積比」の関係など，線分比と面積比の関係を利用することが多い。→P.5 テーマ2

＊文字式を用いて角度や長さ，面積などを表す問題の出題がある。

＊角度の要素を含む問題…実際に角度を求める，解く過程で角度を計算する必要がある，など。

学習のポイント

極端に難易度の高い問題というわけではないが，単純な相似や三平方の定理の利用に収まらず，プラスαの要素が加わった出題が多いため，幅広い応用問題を学習しておく必要がある。

大阪府公立高入試　数学B・C図形対策

▶平面図形

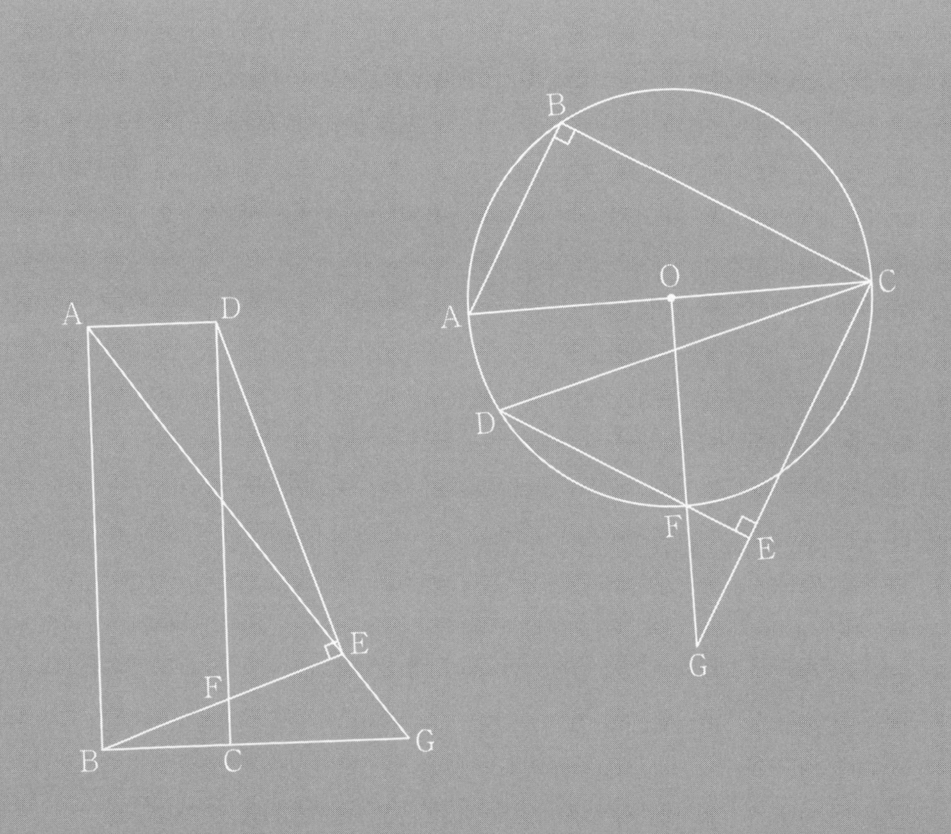

平面図形　テーマ別基本演習

テーマ 1　相似／平行線と線分比

1　右の図において，$\angle ABC = \angle DAC$のとき，xの値を求めなさい。

（　　　）(智辯学園高)

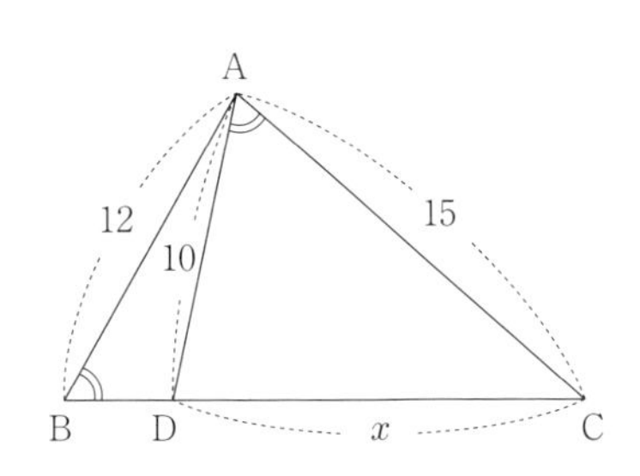

2　右の図において，線分 EF の長さを求めなさい。（　　　cm）

(大阪女学院高)

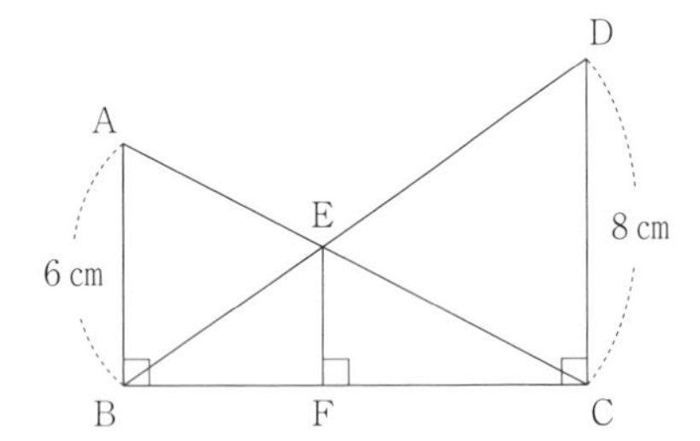

3　右の図のxの値を求めなさい。AM = MB = BD，AN = NC，BC = 12，CE = xとする。（　　　）　(香里ヌヴェール学院高)

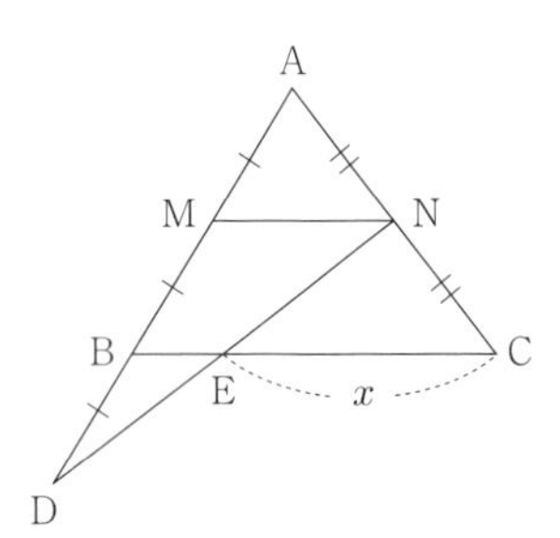

4　右の図で，△ABC と△ADE はともに正三角形であり，点 D は辺 BC 上にある。　(明星高)

(1)　CF の長さを求めなさい。（　　　cm）

(2)　DF : FE を最も簡単な整数の比で求めなさい。（　　：　　）

A
10cm
E
F
B　4 cm　D　C

テーマ2 平行線と面積・面積比

1 右の図の平行四辺形ABCDで，AB，BC上にそれぞれ点E，Fをとる。AC∥EFのとき，△ACEと面積が等しい三角形を3つ書きなさい。(　　　　　　　　　　)　　(青森県)

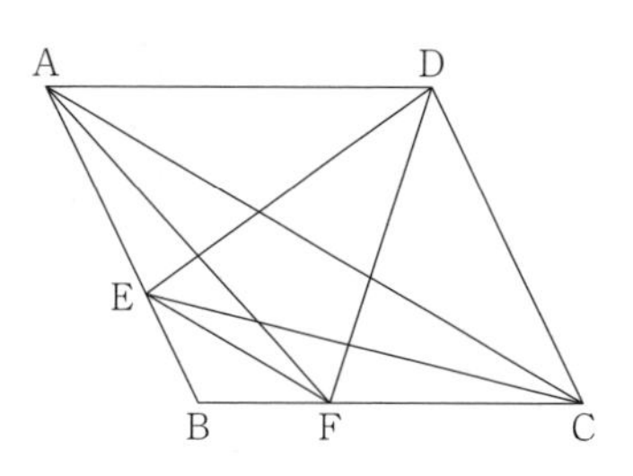

2 右の図のように，AB = 6 cm，BC = 10cm の長方形ABCDの辺CD上に点EをCE：ED = 1：2となるようにとり，線分AEと線分BDとの交点をFとする。このとき，△BEFの面積を求めなさい。

(　　　　cm^2)（神戸山手女高）

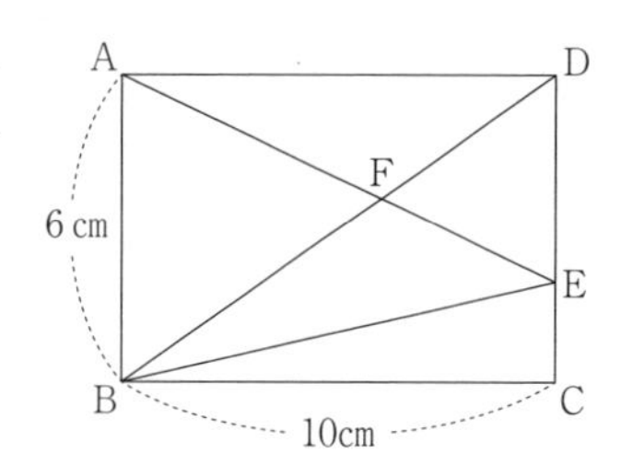

3 平行四辺形ABCDがあり，右の図のようにCE：ED = 1：2となるように辺CD上に点Eをとる。直線AEと直線BCの交点をF，直線AEと直線BDの交点をGとするとき，面積の比△EDG：△EFCを求めなさい。

(　　：　　)（和歌山信愛高）

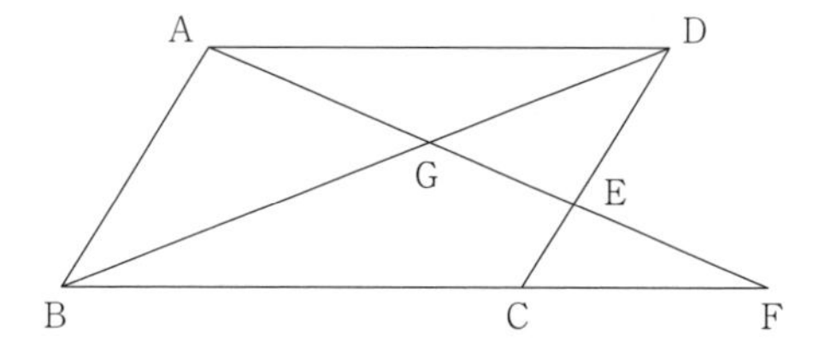

テーマ3　円周角の定理

1　右の図の円について，$\angle x$ の大きさを求めなさい。(　　　)　(京都光華高)

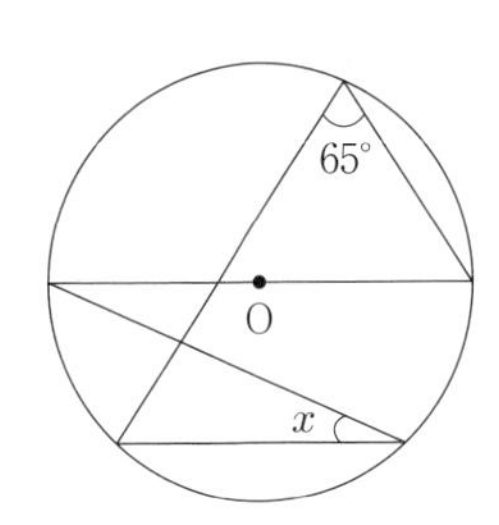

2　右の図の円について，$\angle x$ の大きさを求めなさい。(　　　)

(関西福祉科学大学高)

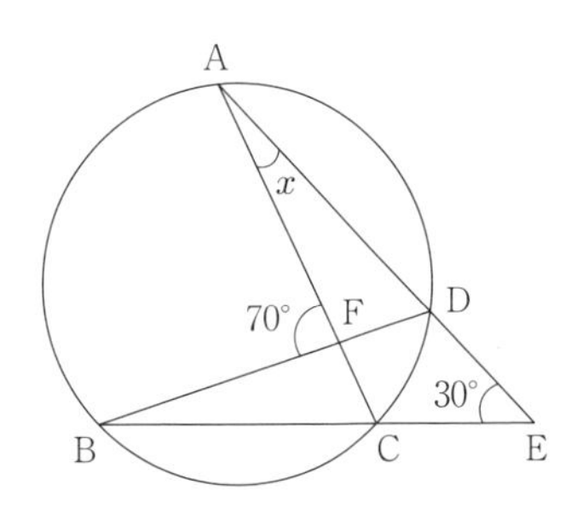

3　右の図のように，円Oの周上に3点A，B，Pがあり，$\angle APB = 75°$ である。円周角$\angle APB$に対する$\overset{\frown}{AB}$の長さが4πcmであるとき，円Oの周の長さを求めなさい。(　　　cm)　(京都府)

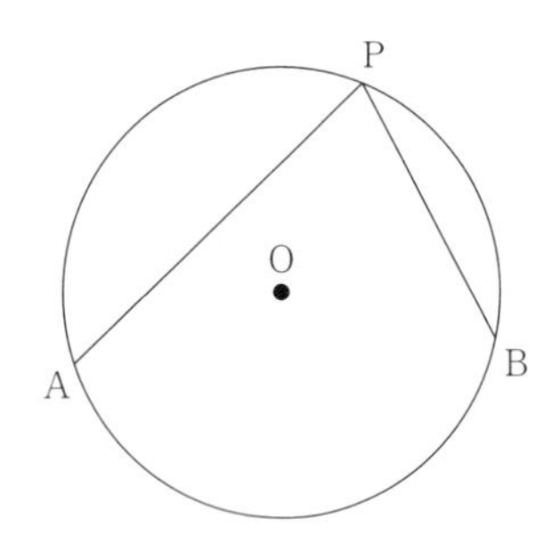

4　右の図で，$\angle BCD$の大きさを求めなさい。(　　　)

(滋賀短期大学附高)

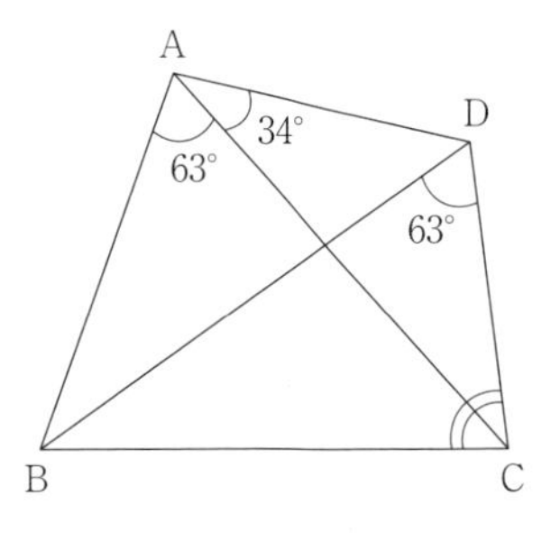

テーマ4 三平方の定理

1 右の図のように，$AB = 2$，$AD = 3$，$BC = 4$，$\angle BAD = \angle BDC = 90^\circ$ である四角形ABCDにおいて，辺CDの長さを求めなさい。(　　　)　(京都府立嵯峨野高)

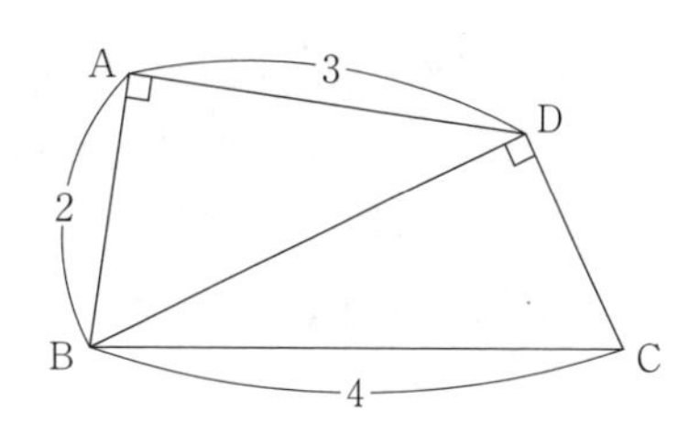

2 右の図のように，$AB = 5\sqrt{2}$ のとき，BCとACの長さを求めなさい。BC =(　　　　　)　AC =(　　　　　)　(星翔高)

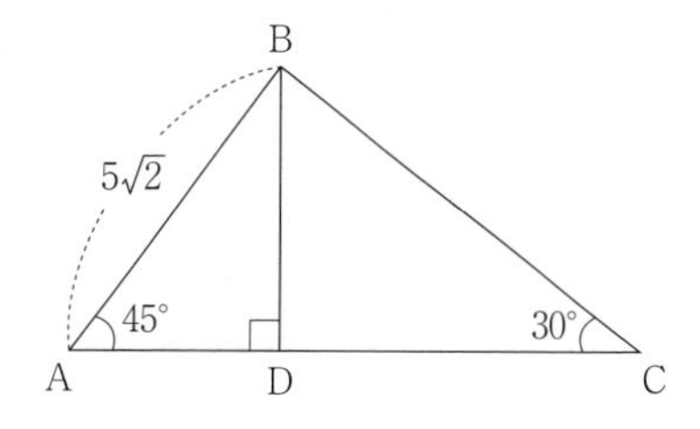

3 右の図で x の値を求めなさい。(　　　)　(早稲田摂陵高)

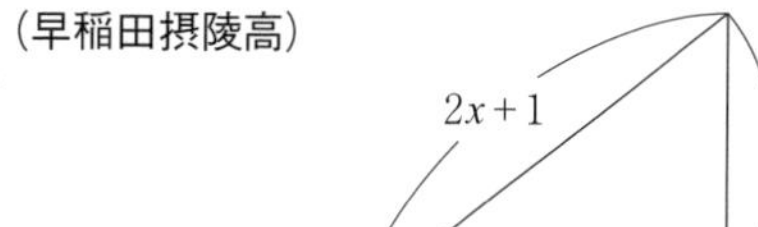

4 右の図の三角形ABCにおいて，x の値を求めなさい。(　　　)　(開明高)

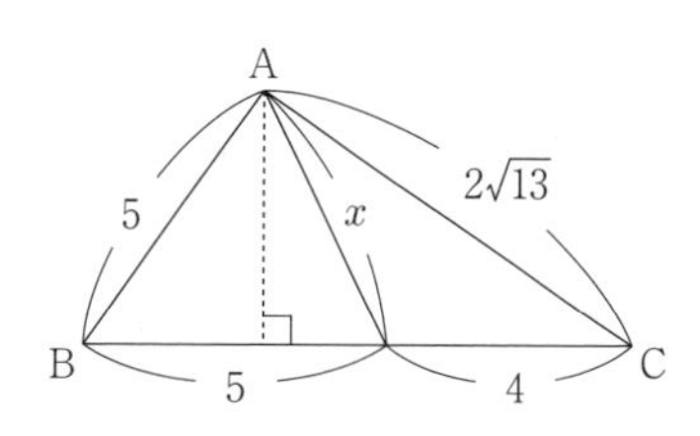

テーマ5　証明

1　右の図のように，△ABCと△CDEがあります。△ABC∽△CDEで，3点A，C，Eは，この順に一直線上にあり，2点B，Dは直線AEに対して同じ側にあります。

線分BEと辺CDの交点をPとするとき，△BCP∽△EDPであることを証明しなさい。　（岩手県）

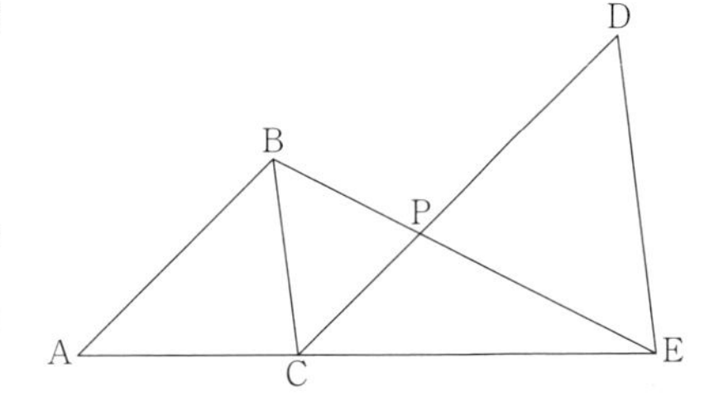

2　右の図のように，円周上の3点A，B，Cを頂点とする△ABCがあり，AB = ACである。点Aを含まない方の弧BC上に点Dをとり，ADとBCの交点をEとする。

このとき，△ADC∽△ACEであることを証明しなさい。　（栃木県）

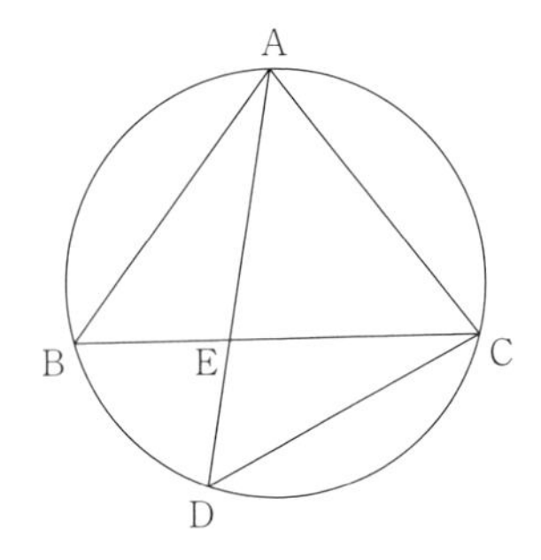

3　右の図のように，△ABCの辺BC上に，BD = DE = ECとなる2点D，Eをとる。Eを通り辺ABに平行な直線と辺ACとの交点をFとする。また，直線EF上に，EG = 3EFとなる点Gを直線ACに対してEと反対側にとる。

このとき，四角形ADCGは平行四辺形であることを証明しなさい。　（福島県）

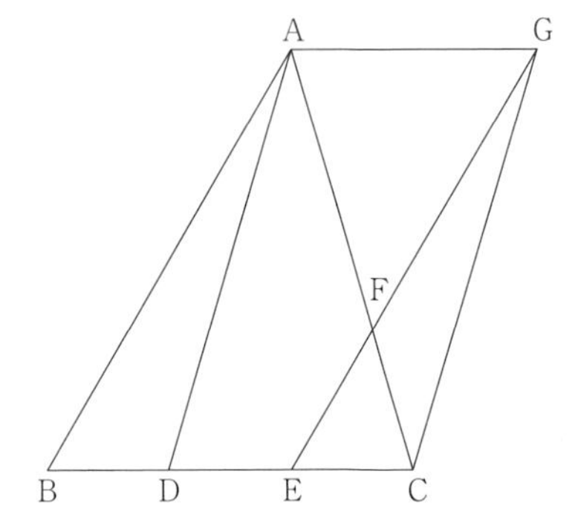

平面図形　実戦問題演習 I

1　次の問いに答えなさい。

(1)　右の図において，四角形 ABCD は平行四辺形です。点 E は辺 AD 上の点で，AB ＝ AE である。∠C の大きさを $x°$ とするとき，∠CBE の大きさを x を使って表しなさい。(　　　　　度)

(好文学園女高)

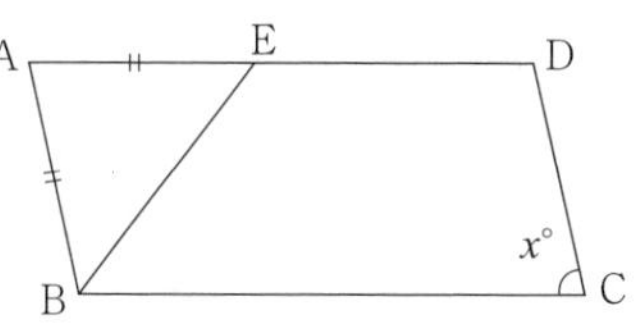

(2)　右の図で，点 C は線分 AB 上の点であり，△DAC と△ECB は，それぞれ線分 AC と線分 CB を 1 辺とする正三角形である。∠EAC ＝ $a°$ とするとき，∠DBC の大きさを a を用いた式で表しなさい。(　　　　　度)　　(秋田県)

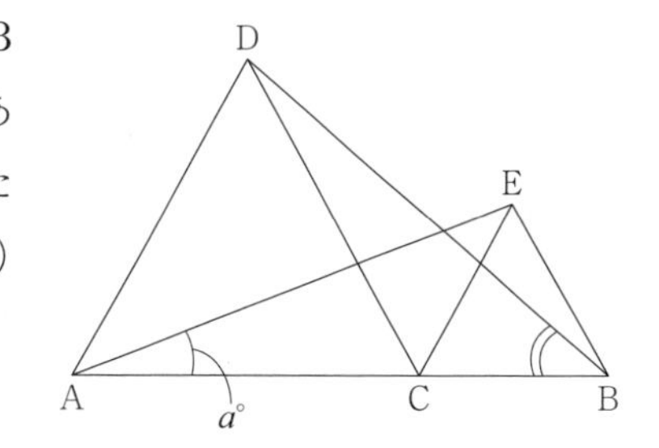

(3)　線分 AB を直径とする円周上に，点 C，D，E がある。CD は直径であり，AB ∥ CE である。CD と AE の交点を F，∠AEC ＝ $a°$ とするとき，∠DFE の大きさを a を用いて表しなさい。(　　　度)

(筑紫女学園高)

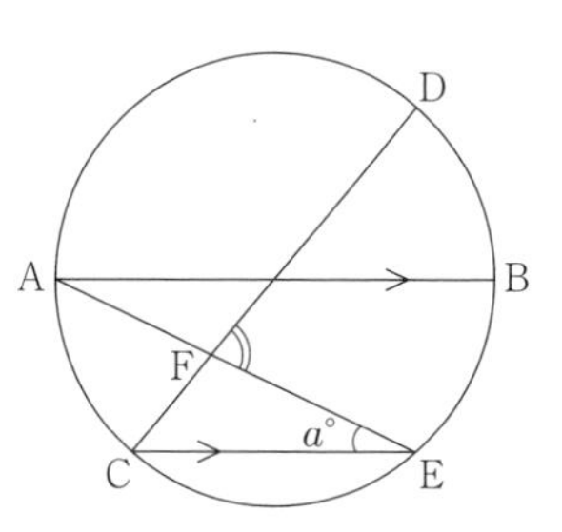

(4)　右の図のように，内側の正方形の 1 辺の長さが a，外側の正方形の 1 辺の長さが $a+8$ のとき，斜線部分の面積を a を用いて表せ。

(　　　　　)(武庫川女子大附高)

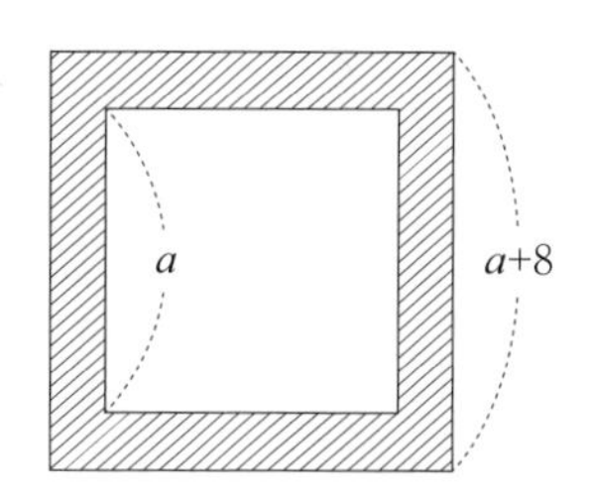

(5)　右の図の三角形 ABC において，辺 BC の長さを a cm，三角形 ABC の面積を S cm^2 とするとき，$\frac{2S}{a}$ は三角形 ABC のどんな数量を表しているか，書きなさい。(　　　　　　　　　　　　　)　　(群馬県)

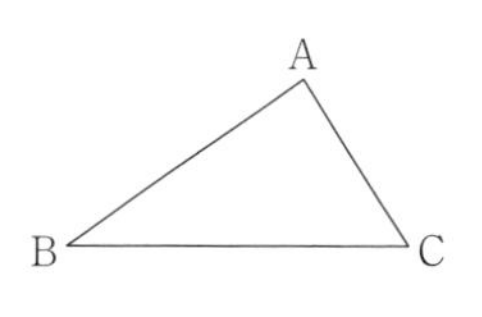

2　右の図1で，四角形ABCDは，AB = 6 cm，BC = 12cmの長方形である。

辺BCを直径とする半円Oの$\overset{\frown}{BC}$は，2つの頂点B，Cを通る直線に対して頂点Aと同じ側にある。

点Pは，辺AD上にある点で，頂点Aに一致しない。

頂点Bと点Pを結んだ線分と，$\overset{\frown}{BC}$との交点のうち，頂点Bと異なる点をQとする。

図1

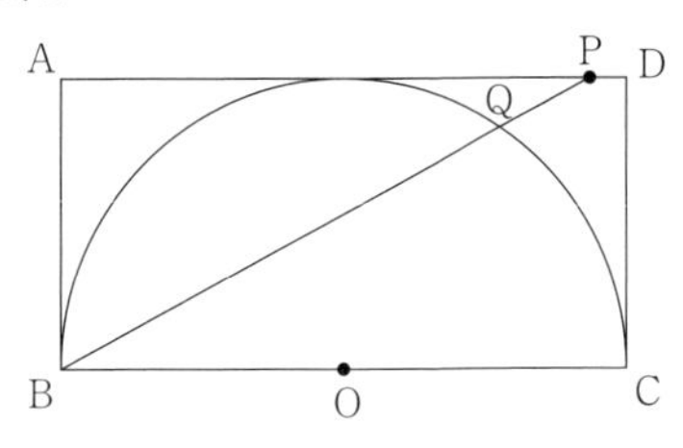

次の各問いに答えなさい。（東京都）

(1)　図1において，∠PBC = a°とするとき，$\overset{\frown}{CQ}$の長さを表す式を，次のア～エのうちから選び，記号で答えなさい。

ただし，円周率はπとする。（　　）

ア　$12\pi a$ cm　　イ　$6\pi a$ cm　　ウ　$\frac{1}{10}\pi a$ cm　　エ　$\frac{1}{15}\pi a$ cm

(2)　右の図2は，図1において，頂点Cと点Qを結んだ場合を表している。

次の①，②に答えなさい。

①　△ABP ∽ △QCBであることを証明しなさい。

図2

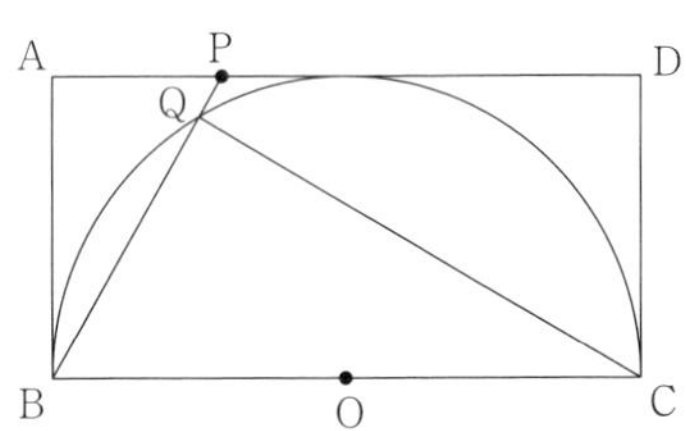

②　次の［　　］の中の「あ」「い」「う」に当てはまる数字をそれぞれ答えなさい。

あ（　　）　い（　　）　う（　　）

図2において，AP：PD = 1：3のとき，線分PQの長さは，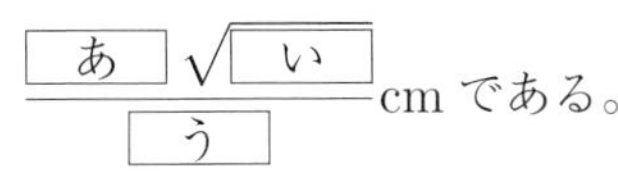

cmである。

3 右の図のように，長方形ABCDで，対角線BDを折り目として△BCDを折り返したところ，頂点Cが点Eに移った。辺ADと線分BEとの交点をFとする。また，AGは頂点AからBDにひいた垂線であり，BEとAGとの交点をHとする。

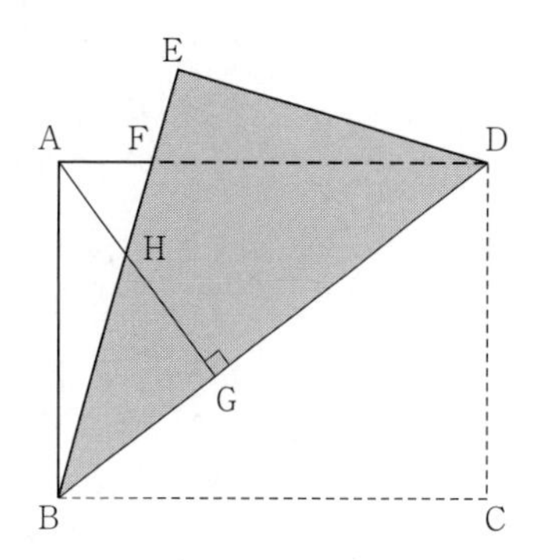

次の(1)，(2)の問いに答えなさい。 (岐阜県)

(1) △ABG ∽ △BDEであることを証明しなさい。

(2) AB = 3 cm，BC = 4 cmのとき，

(ア) BGの長さを求めなさい。(　　　cm)

(イ) AHの長さを求めなさい。(　　　cm)

4　図1，図2のように，1辺の長さが8cmの正方形ABCDがある。辺BC上にBE＝2cmとなる点Eをとり，線分DEの延長と辺ABの延長との交点をFとする。このとき，次の問いに答えなさい。

（長崎県）

図1

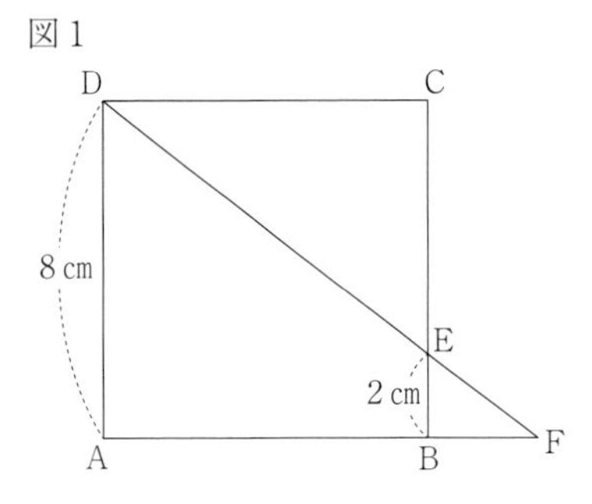

図2

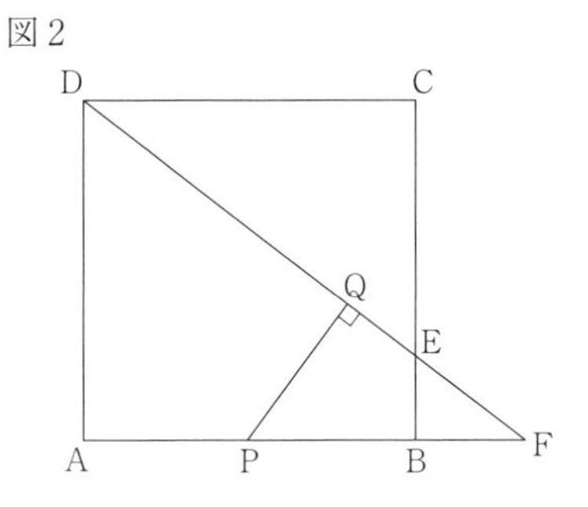

(1)　台形ABEDの面積は何cm^2か。（　　　　cm^2）

(2)　△BFE∽△CDEであることを証明しなさい。

(3)　線分BFの長さは何cmか。（　　　　cm）

(4)　図2のように，辺AB上に点Pをとる。点Pから線分DFにひいた垂線と線分DFとの交点をQとする。DQ＝8cmとなるとき，四角形APQDと四角形BEQPの面積の比を最も簡単な整数の比で表しなさい。（　　：　　）

5 1辺が5cmの正方形ABCDがある。右の図1のように，正方形ABCDの内側に点Eをとり，線分AEを1辺とする正方形AEFGをつくる。また，点Bと点Eを結び△ABEを，3点A，C，Fを結び△ACFをそれぞれつくる。

このとき，次の問いに答えなさい。 **(愛媛県)**

図1

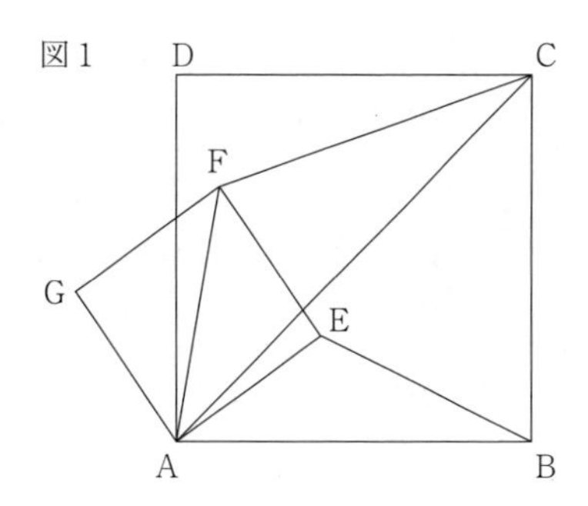

(1) 線分ACの長さを求めなさい。(　　　cm)

(2) △ABE∽△ACFを証明しなさい。

(3) 右の図2のように，AE＝3cm，∠BAE＝30°であるとき，

① △ABEの面積を求めなさい。(　　　cm^2)

② 四角形BCFEの面積を求めなさい。(　　　cm^2)

図2

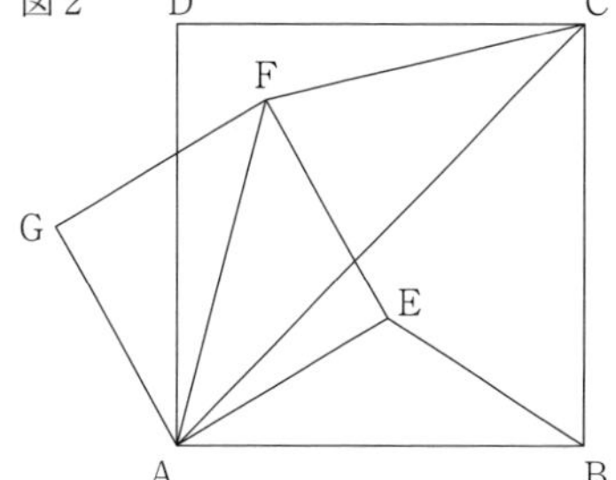

6　図のような△ABCにおいて，頂点Aから辺BCに垂線を引き，交点をDとする。また，Dから辺ACに垂線を引き，交点をEとする。さらに，辺AB上に∠ABC＝∠AEFとなるような点Fをとり，ADとEFの交点をGとする。次の問いに答えなさい。

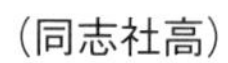
(同志社高)

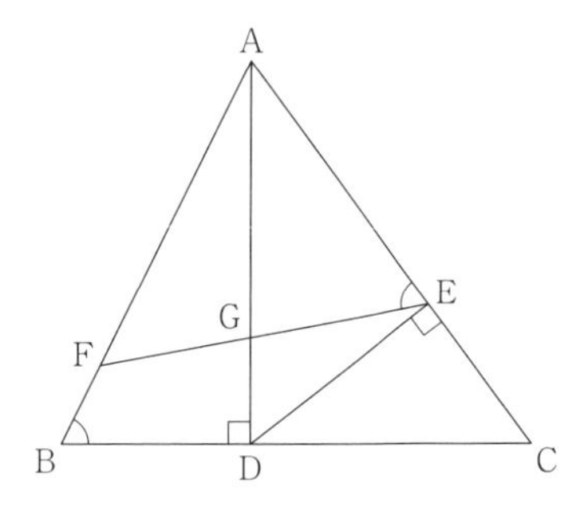

(1)　△AGF ∽△EGDであることを示しなさい。

(2)　さらに，AD＝4 cm，BD＝2 cm，DC＝3 cmであるとき，次の問いに答えなさい。

(ア)　ECの長さを求めなさい。(　　　　cm)

(イ)　AFの長さを求めなさい。(　　　　cm)

(ウ)　△AGFと△EGDの面積比△AGF：△EGDを求めなさい。(　　：　　)

7 右の図1で，△ABCは，AC = 4 cm，BC = 2 cm，∠ACB = 60°の三角形である。

直線ACに対して，頂点Bと同じ側にない点をDとし，頂点Aと点D，頂点Bと点D，頂点Cと点Dをそれぞれ結び，線分BDと直線ACとの交点をEとする。

AD = 4 cmのとき，次の各問いに答えなさい。

（東京都立墨田川高）

図1

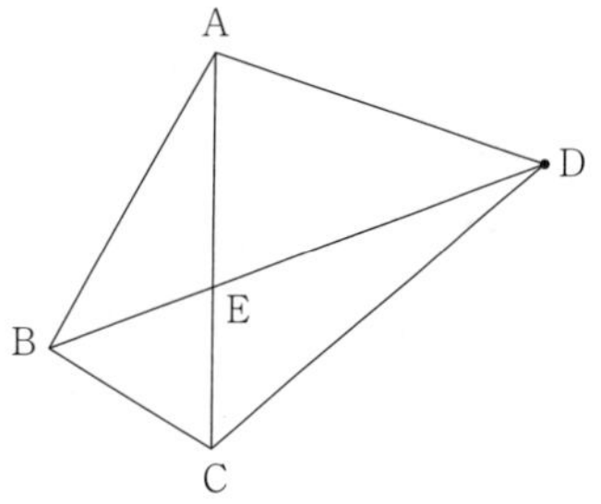

(1) 図1において，AB∥DCになるとき，次の(ア)，(イ)に答えなさい。

(ア) ∠BADの大きさは何度か。(　　　)

(イ) 線分BDの長さは何cmか。(　　　cm)

(2) 右の図2は，図1において，∠ADC = 60°とし，直線ABと直線DCとの交点をFとした場合を表している。

次の(ア)，(イ)に答えなさい。

(ア) △ECB∽△EADであることを証明しなさい。

図2

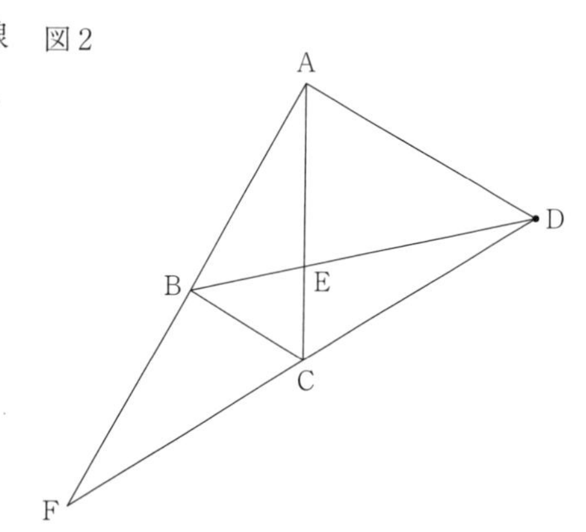

(イ) △ACFの面積と四角形ABCDの面積の比を最も簡単な整数の比で表しなさい。

(　　：　　)

8　右の図のように，円Oの周上の4点A，B，C，Dを頂点とする長方形ABCDがある。点B，Cを含まない$\overset{\frown}{AD}$上に，点A，Dと異なる点Eをとり，直線AEと直線CDの交点を点Fとする。

このとき，次の問いに答えなさい。　（福井県）

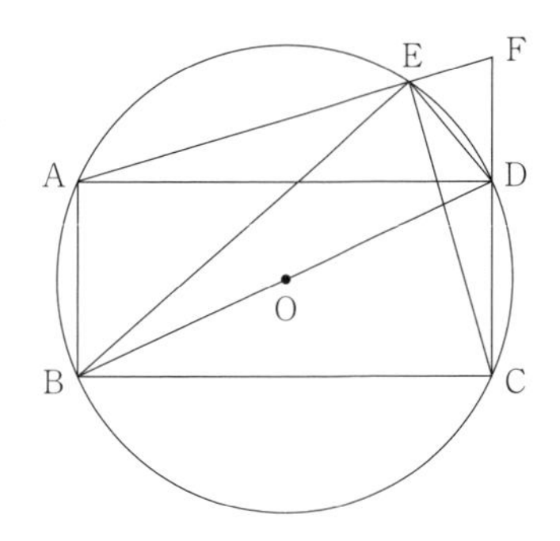

(1)　△ADF ∽ △BEDであることを証明しなさい。

(2)　AB = 2 cm，BC = $2\sqrt{2}$ cm，DF = 1 cmとする。

(ア)　円Oの半径とDEの長さを求めなさい。

円Oの半径(　　　cm)　DE = (　　　cm)

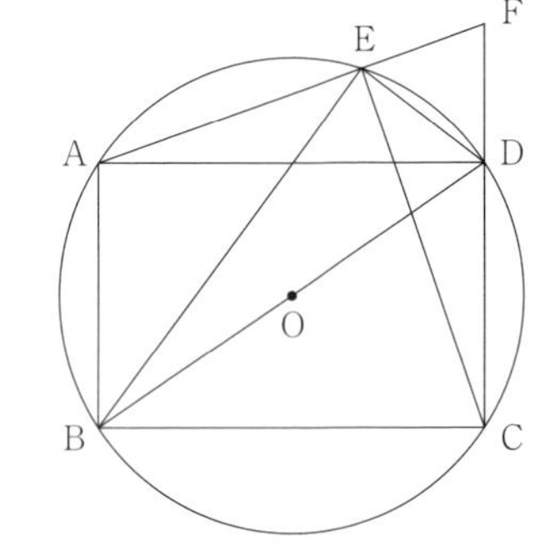

(イ)　△BCEの面積を求めなさい。(　　　cm^2)

9 図１のように，３点A，B，Cは半径4cmの円Oの円周上の点で，OA ⊥ OBである。直線BOが，AC，円Oと交わる点を，それぞれD，Eとして，点Eと点Cを結ぶ。ただし，点Cは，直径BEについて点Aの反対側にあるものとする。　　　　　　　　　　　　　　　　　　（長野県）

図１

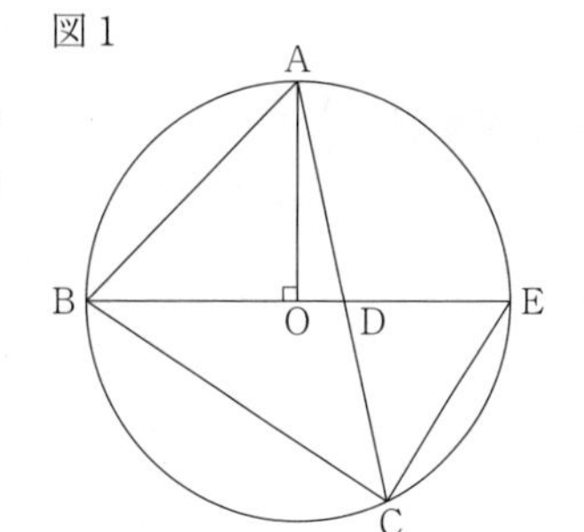

⑴　∠ABEの大きさを求めなさい。(　　　)

⑵　△ABC ∽△EDCを証明しなさい。

⑶　△EDC以外で△ABCに相似な三角形を，記号を用いて書きなさい。(△　　　)

⑷　図２は，図１の図形でDE = 1cmとしたものとする。このとき，BCの長さを求めなさい。(　　　cm)

図２

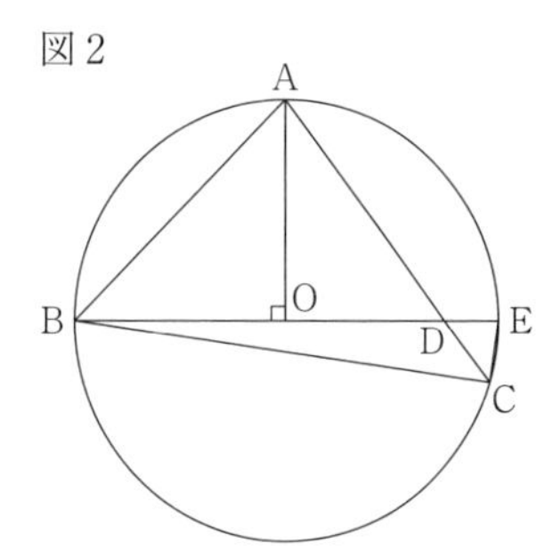

⑸　図３は，図１の図形で$\overset{\frown}{BC}$と$\overset{\frown}{CE}$の長さの比を１：３としたものとする。このとき，△ABCの面積を求めなさい。(　　　cm^2)

図３

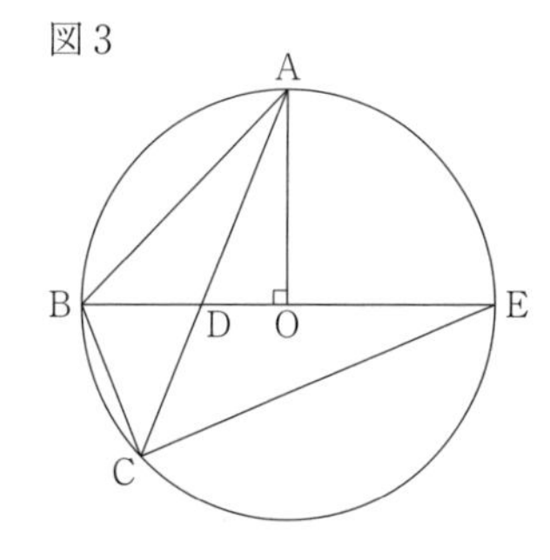

10　図１のように，点Ｏを中心とする円の周上に，３点Ａ，Ｂ，Ｃがあり，$\overset{\frown}{AB}=\overset{\frown}{BC}$である。また，∠ABCの大きさは90°より大きいものとする。点Ｃを通り線分ABに平行な直線と円Ｏとの交点のうち点Ｃとは異なる点をＤとし，線分CDについて点Ａと反対側の円周上に点Ｅをとる。線分CDと線分AE，BEとの交点をそれぞれＦ，Ｇとし，線分AEと線分BDとの交点をＨとする。このとき，次の問いに答えなさい。　（山形県）

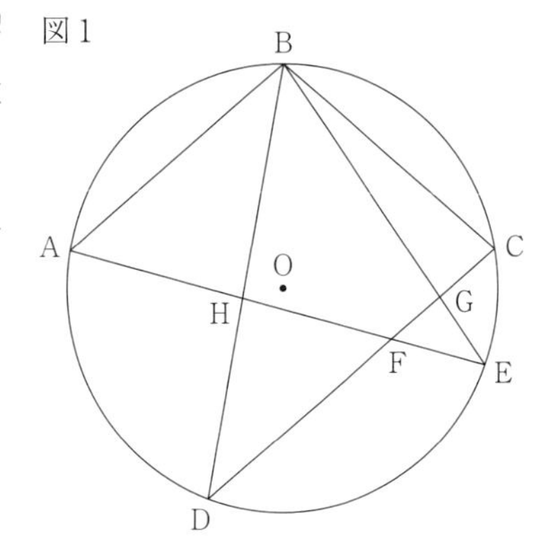

⑴　∠FDH = 40°，∠CFE = 55°であるとき，∠BHEの大きさを求めなさい。(　　　)

⑵　△AHB∽△FGEであることを証明しなさい。

⑶　図２は，図１で，点Ｇが点Ｏと同じ位置となるように，４点Ａ，Ｂ，Ｃ，Ｅをとったときのものである。円Ｏの半径が４cmであるとき，四角形BHFGの面積を求めなさい。(　　　　cm^2)

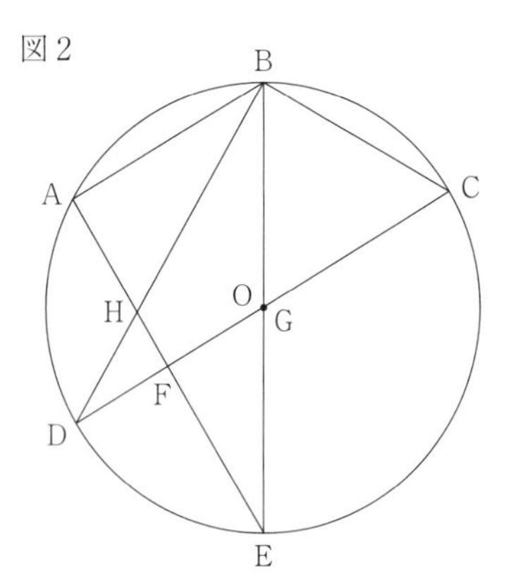

11 右の図のように，四角形ABCDの4つの頂点A，B，C，Dが円Oの周上にある。線分ACとBDの交点をEとする。また，Eを通り辺BCと平行な直線と辺ABとの交点をFとする。

次の(1)，(2)の問いに答えなさい。 (岐阜県)

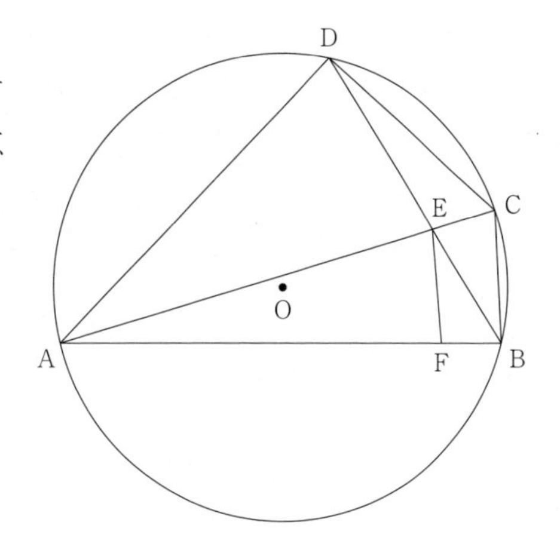

(1) △ACD ∽△EBF であることを証明しなさい。

(2) ACが円Oの直径で，OA = 6 cm，BC = 3 cm，CE = 2 cm のとき，

(ア) ABの長さを求めなさい。（　　　cm）

(イ) BFの長さを求めなさい。（　　　cm）

(ウ) △ACDの面積を求めなさい。（　　　cm^2）

12　右の図１のように，線分 AB を直径とする円 O がある。また，線分 AB 上に点 A，B と異なる点 C をとり，線分 AC を直径とする円を円 O′ とする。

点 B から円 O′ に２つの接線をひき，接点をそれぞれ P，Q とする。さらに，２つの直線 BP，BQ と円 O との交点で，B 以外の点をそれぞれ D，E とする。

このとき，次の問いに答えなさい。　　　　　　　　　（富山県）

図１

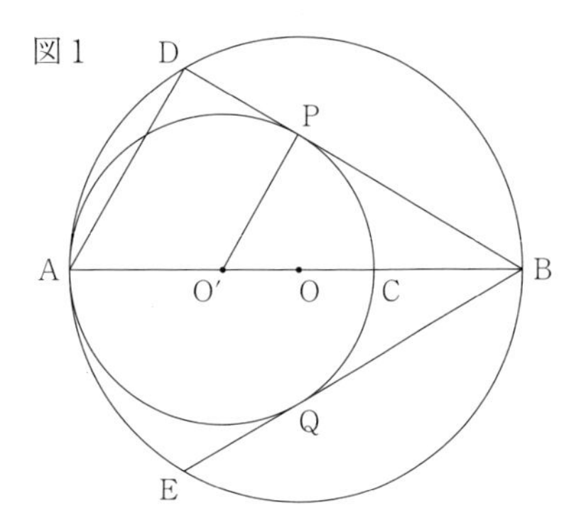

(1)　△ABD ∽ △O′BP を証明しなさい。

(2)　右の図２のように，円 O の半径を 3 cm，円 O′ の半径を 2 cm とするとき，次の問いに答えなさい。

図２

D
P
A　2 cm　O′
3 cm　O　C　B
Q
E

(ア)　線分 PE の長さを求めなさい。（　　　cm）

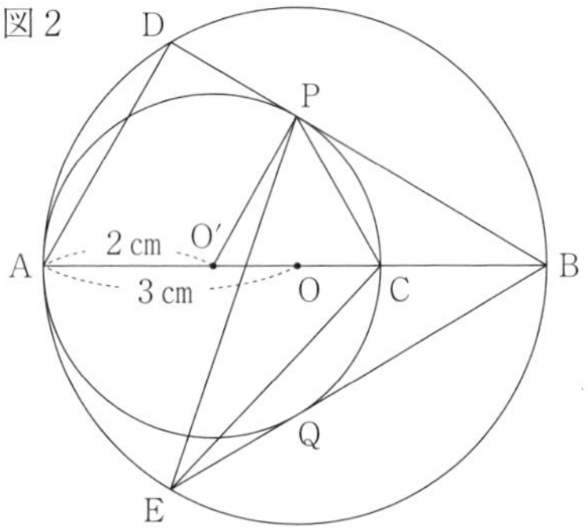

(イ)　△CPE の面積を求めなさい。（　　　cm^2）

13 右の図で，3点A，B，Cは円Oの周上にある。点Dは線分BC上の点であり，∠ADB = 90°である。点Eは線分AC上の点であり，∠AEB = 90°である。また，点Fは線分ADと線分BEとの交点であり，点Gは，直線ADと円Oとの交点のうち点A以外の点である。各問いに答えなさい。

(奈良県)

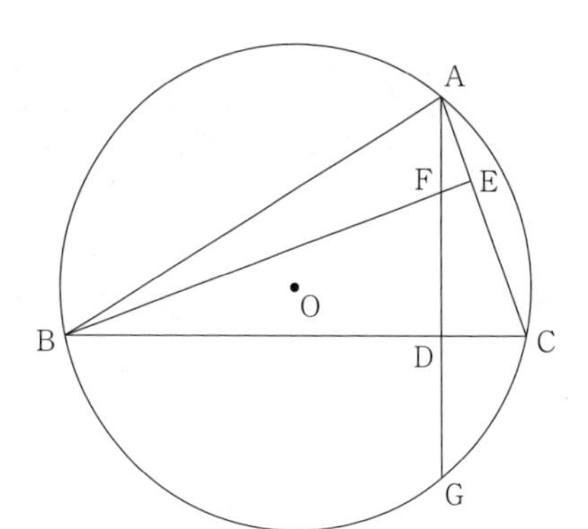

(1) △AFE ∽△BCEを証明しなさい。

(2) ∠AFE = a°のとき，∠OABの大きさをaを用いて表しなさい。(　　　　　)

(3) BC = 10cm，AF = 2cm，DF = 3cmのとき，次の問いに答えなさい。

(ア) 線分AGの長さを求めなさい。(　　　　cm)

(イ) 円Oの面積を求めなさい。ただし，円周率はπとする。(　　　　cm^2)

平面図形　実戦問題演習 Ⅱ

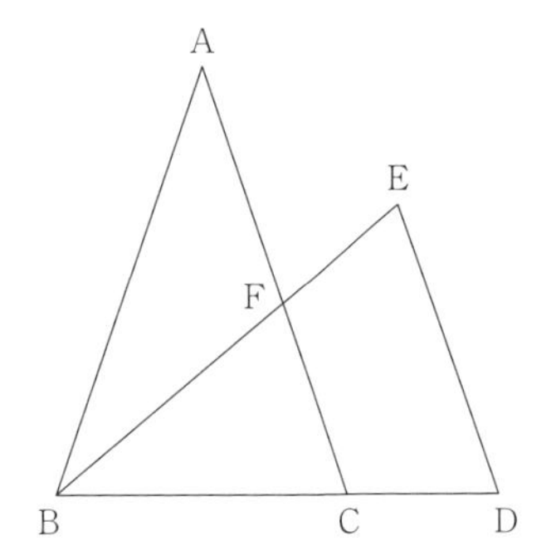

1　右の図において，△ABC は AB = AC = 6 cm，BC = 4 cm の二等辺三角形であり，△BDE は△ABC と合同である。また，点 C は線分 BD 上にあり，点 F は線分 AC と線分 BE の交点である。

このとき，次の問いに答えなさい。　　　　　　　　　　（福井県）

(1)　△ABC の面積および，線分 CF の長さを求めなさい。

△ABC =（　　　　cm^2）　CF =（　　　　cm）

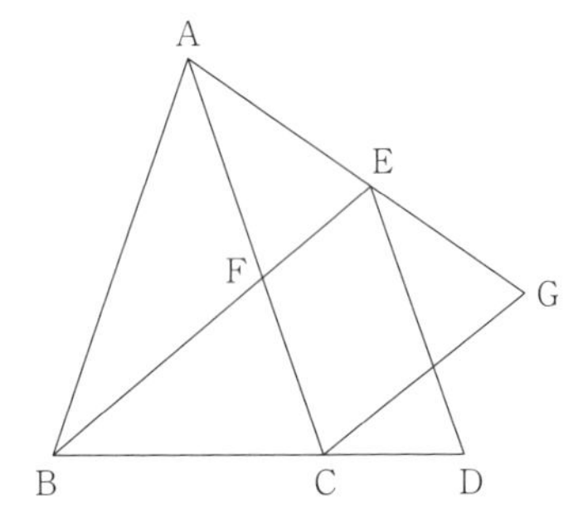

(2)　さらに点 A と点 E を結び，線分 AE を E の方に延長した直線上に，AE : AG = 5 : 9 となる点 G をとり，点 C と点 G を結ぶ。

(ア)　△AFE ∽△ACG であることを証明しなさい。

(イ)　△ACG の面積を求めなさい。（　　　　cm^2）

2 右図において，△ABC は AB ＝ AC ＝ 9 cm，BC ＝ 6 cm の二等辺三角形である。D は辺 AB 上，E は辺 BC 上にあり，AD：DB ＝ 1：2，DE ∥ AC である。また，F は辺 AC 上にあり，△BED ≡ △BGF である。C と G とを結ぶ。

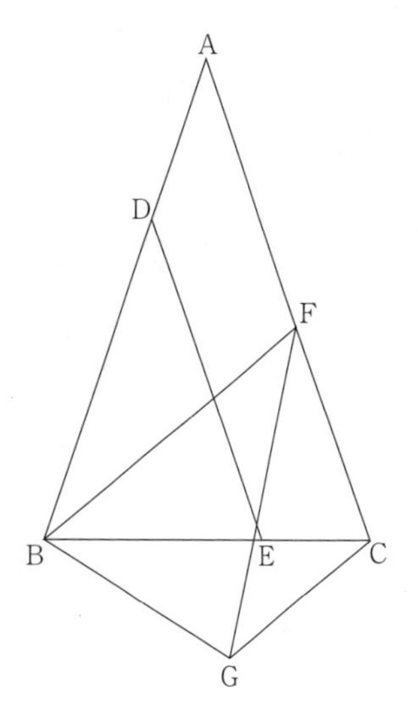

次の問いに答えなさい。 （大阪学芸高）

(1) 線分 BG の長さを求めなさい。（　　　cm）

(2) △ABF ∽ △CBG であることを証明しなさい。

(3) 線分 CF の長さを求めなさい。（　　　cm）

(4) 線分 CG の長さを求めなさい。（　　　cm）

(5) △CBG の面積を求めなさい。（　　　cm^2）

3　右の図の四角形ABCDは，$AB = 3\sqrt{3}$ cm，$BC = 6$ cm，AD∥BC，$\angle ABC = 90°$，$\angle BCD = 60°$ の台形である。頂点Bから線分ACにひいた垂線と線分ACとの交点をE，頂点Dから線分ACにひいた垂線と線分ACとの交点をFとする。各問いに答えなさい。　（奈良県）

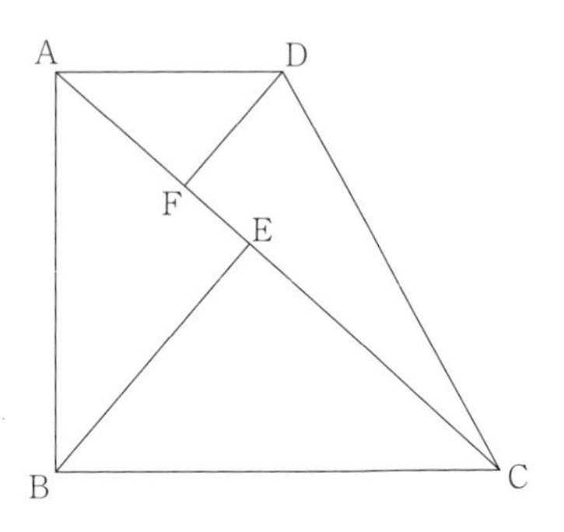

(1)　△AFD ∽ △CEBを証明しなさい。

(2)　$\angle DAF = a°$ とするとき，∠CDFの大きさを a を用いて表しなさい。（　　　　　）

(3)　線分BEの長さを求めなさい。（　　　　cm）

(4)　△ABEの面積は△CDFの面積の何倍か。（　　　　倍）

4　図１のように，１辺の長さが４cm のひし形ABCD があり，∠ABC の大きさは90°より大きいものとする。線分BC をB のほうへ延長した線上に，∠AEB = 90°，∠CDF = 90°となる点E，F をとる。また，直線DF と直線AB，AE との交点をそれぞれG，H とする。このとき，あとの問いに答えなさい。　（山形県）

図１

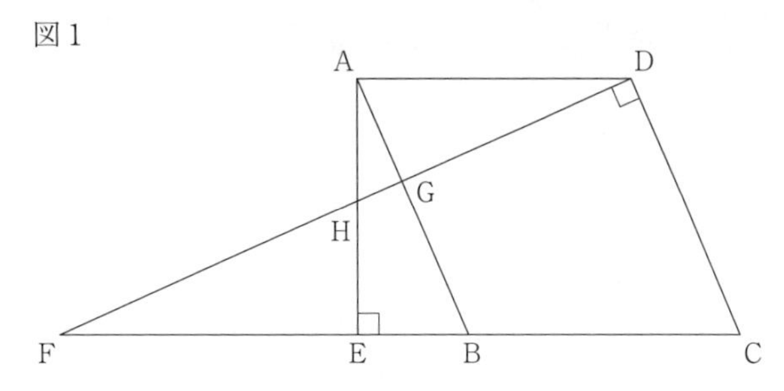

(1)　CF = 10cm であるとき，DF の長さを求めなさい。（　　　cm）

(2)　AG = BE であることを証明しなさい。

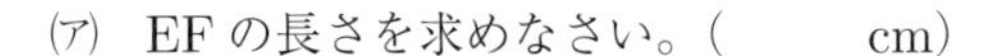

(3)　図２は，図１のひし形ABCD の内角の大きさを変え，点F を線分BE 上にとったときのものである。CF = ６cm であるとき，次の問いに答えなさい。

図２

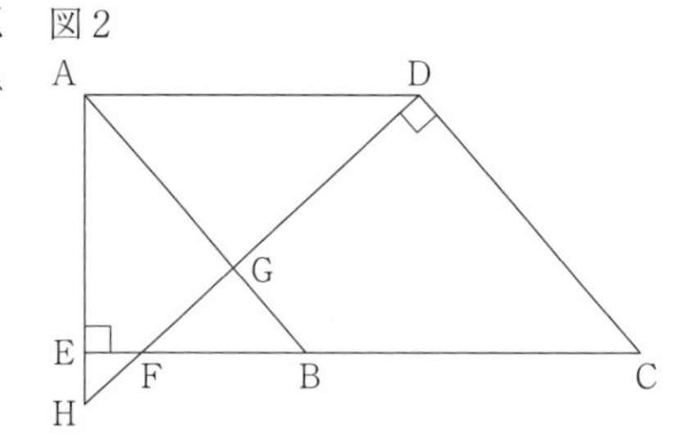

(ア)　EF の長さを求めなさい。（　　　cm）

(イ)　台形AEFD と△CDF の面積の比を求めなさい。（　　：　　）

5　１辺の長さが 4 cm の正方形 ABCD がある。図１のように，辺 AB，BC，AD 上に点 E，F，G をそれぞれとり，線分 GE，EF，GF をひく。

EG = EF，∠GEF = 90° のとき，次の問いに答えなさい。（宮崎県）

図１

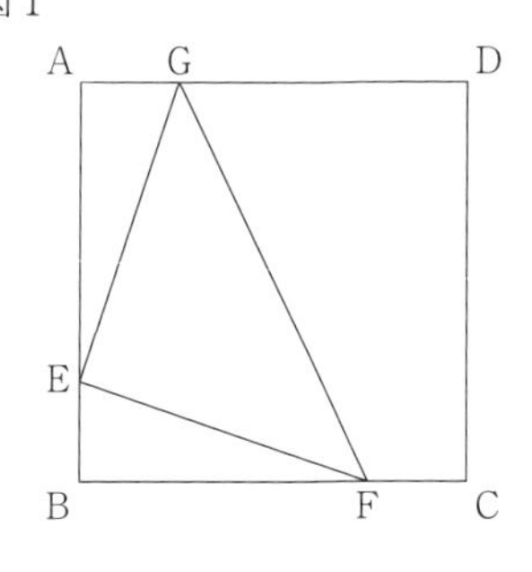

(1)　∠AGE = 74° のとき，∠DGF の大きさを求めなさい。

（　　　）

(2)　△AEG ≡ △BFE であることを証明しなさい。

(3)　図２において，AG = 1 cm，点 H，I は，それぞれ線分 GE，GF の中点である。

線分 HI をひくとき，次の問いに答えなさい。

(ア)　四角形 HEFI の面積を求めなさい。（　　　　cm^2）

図２

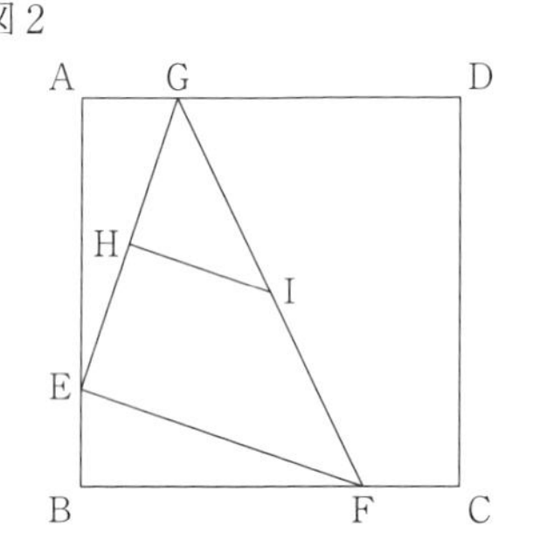

(イ)　図３は，図２において，線分 HD をひいたものである。

HD と GF の交点を J とするとき，線分 HJ と線分 JD の長さの比を求めなさい。（　　：　　）

図３

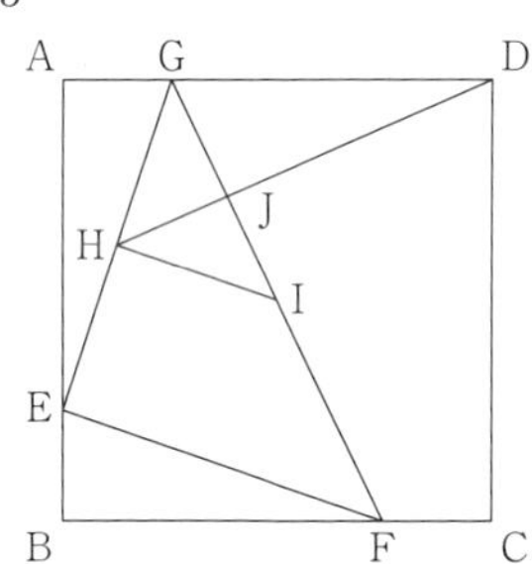

6 図1～図3のように，AB = 6 cm，BC = 8 cm，∠ABC = 60°の平行四辺形ABCDがある。このとき，次の問いに答えなさい。（長崎県）

図1

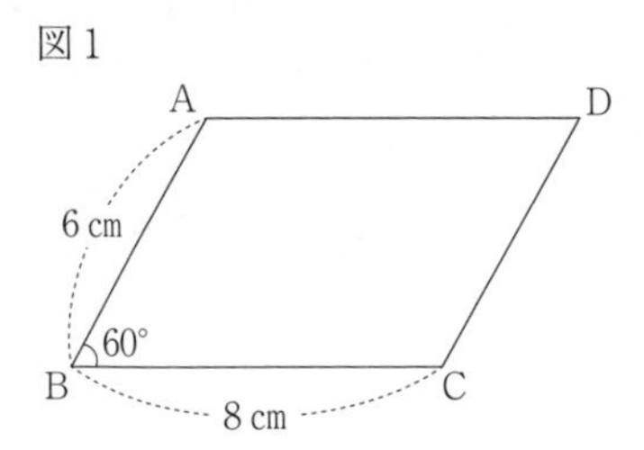

図2

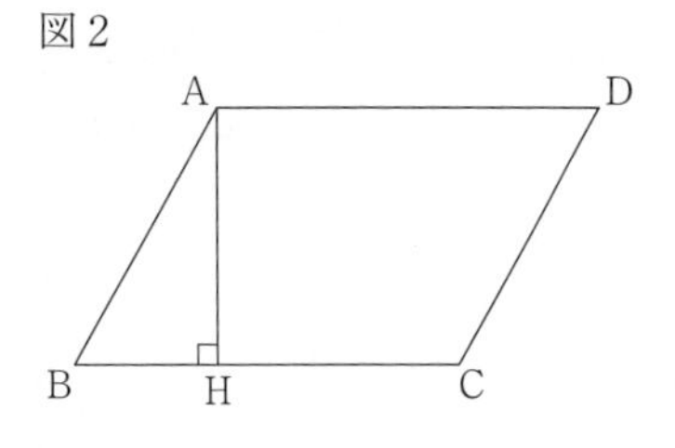

(1) 図2のように，点Aから辺BCにひいた垂線と辺BCとの交点をHとするとき，線分AHの長さは何cmか。(　　　cm)

(2) 平行四辺形ABCDの面積は何cm^2か。(　　　cm^2)

(3) 図3のように，辺ADの中点をMとし，線分BM上にDC = DPとなる点Pをとる。また，線分BMの延長と辺CDの延長との交点をQとする。このとき，次の(ア)～(ウ)に答えなさい。

(ア) 線分QDの長さは何cmか。(　　　cm)

図3

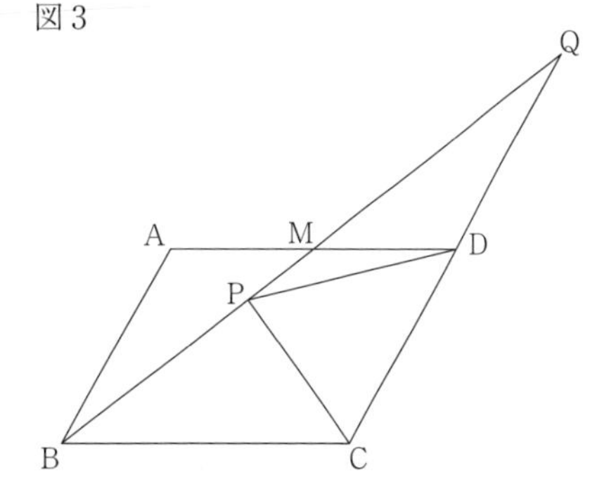

(イ) ∠CPD = x，∠DPM = yとする。このとき，∠CPM = 90°である理由をx，yを使って説明しなさい。ただし，説明は「∠CPD = x，∠DPM = yとすると，」に続けて完成させなさい。

(説明) ∠CPD = x，∠DPM = yとすると，

(ウ) 線分PCの長さは何cmか。(　　　cm)

7　△ABCは，BC = 4 cm，CA = a cm，∠C = 90° の直角三角形である。△DEFは，△ABCと合同で，図1のように，△ABCを点Bを回転の中心として，時計の針の回転と同じ向きに90° 回転移動させた位置にある。また，線分CFとDEの交点をGとする。

次の(1)〜(4)に答えなさい。　**(和歌山県)**

図1

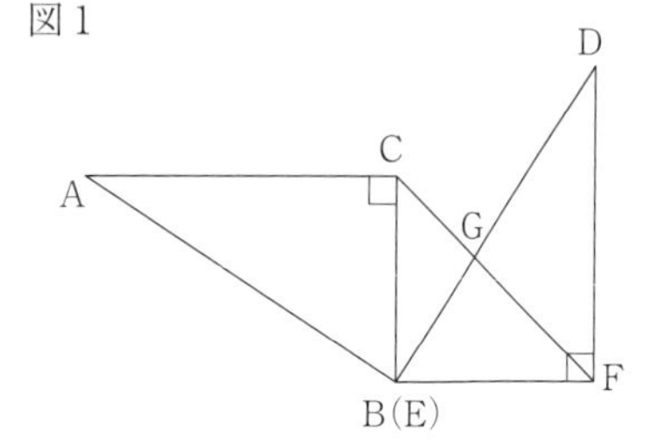

(1)　線分CFの長さを求めなさい。(　　　　cm)

(2)　∠BAC = x° とするとき，∠DGFの大きさを，xの式で表しなさい。(　　　　　)

(3)　図2のように，点Bを中心とし辺BCを半径とする円をかき，その円と辺AB，DBとの交点をそれぞれP，Qとする。

このとき，CQ∥PFを証明しなさい。

図2

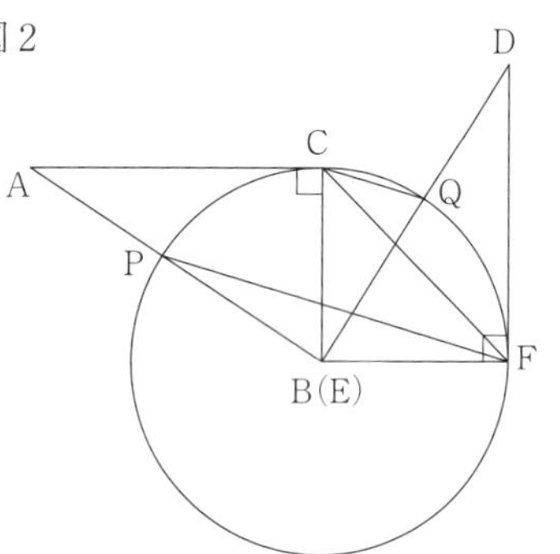

(4)　図3のように，AとFを結ぶ。2つの▨の部分の面積の和が10cm^{2}のとき，aの値を求めなさい。(　　　)

図3

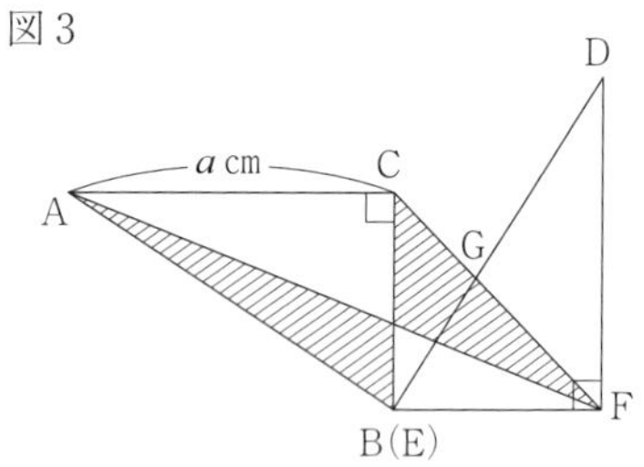

8 右の図1で，△ABCは正三角形である。

点Dは，辺BC上にある点で，頂点B，頂点Cのいずれにも一致しない。

頂点Aと点Dを結ぶ。

線分ADを1辺とする正三角形ADEを，辺ACと辺DEが交わるようにつくり，辺ACと辺DEの交点をFとする。

頂点Cと頂点Eを結ぶ。

次の各問いに答えなさい。　　　　　　（東京都立西高）

図1

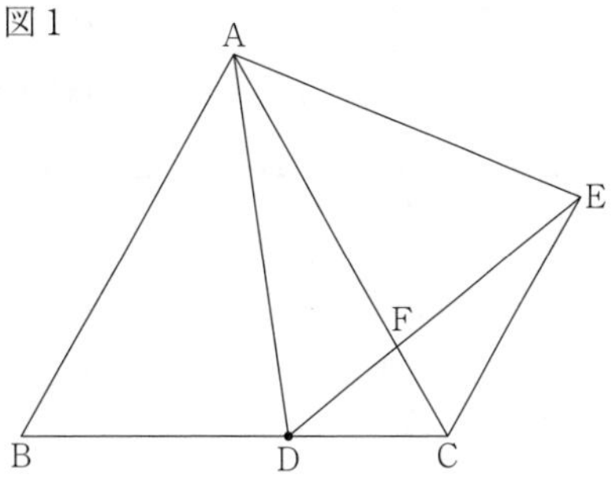

(1) 右の図2は，図1において，$\angle BAD = 15°$の場合を表している。$CD = 4\,cm$のとき，△ABCの一辺の長さは何cmか。

（　　　　　cm）

図2

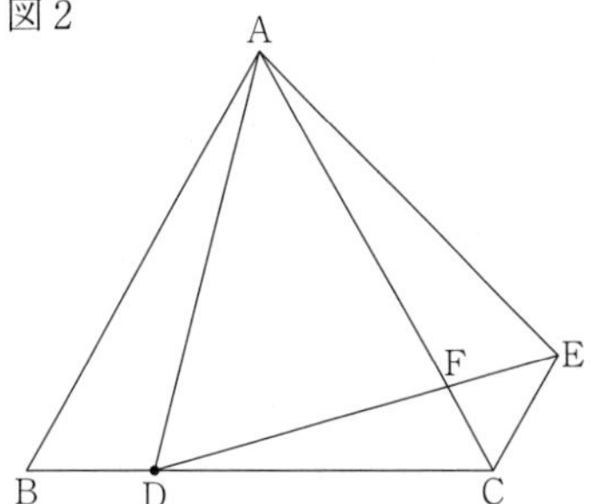

(2) 図1において，△ACE∽△DCFであることを証明しなさい。

(3) 右の図3は，図1において，$\angle BAD = 30°$のときに，△ABDが△ACEと重なるように，点Aを回転の中心として，△ABDを反時計回り（矢印の方向）に60°回転移動させ，そのときに線分BDが通過した部分を斜線で示した場合を表している。

$AB = 8\,cm$のとき，線分BDが通過した部分の面積は何cm^2か。ただし，円周率はπとする。（　　　　cm^2）

図3

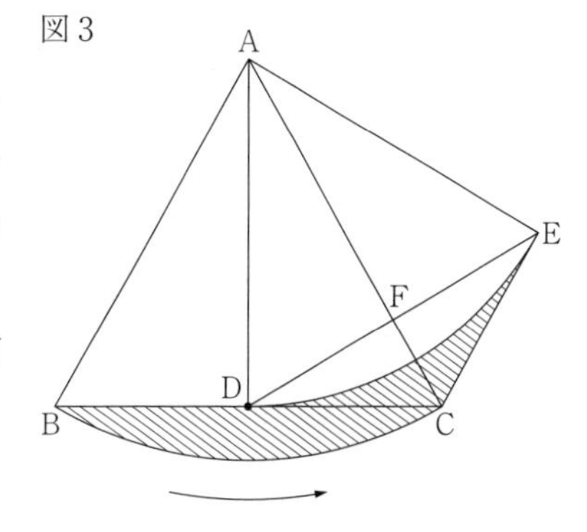

9　右の図のように，線分 AB を直径とする半円の弧の上に点 C，D をとり，直線 AD と直線 BC の交点を E とする。また，線分 BD と線分 AC の交点を F とし，線分 EF と線分 CD の交点を G とする。

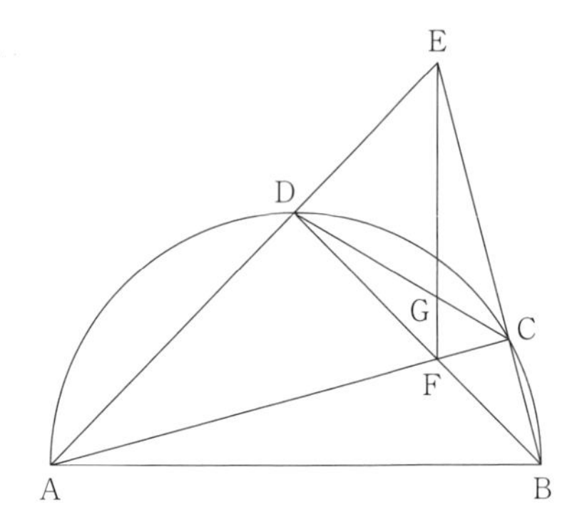

次の(1)，(2)の問いに答えなさい。　**(大分県)**

(1)　△ADF ∽ △BCF であることを証明しなさい。

(2)　AD ＝ 5 cm，DE ＝ 3 cm，BC ＝ 2 cm とする。

次の①，②の問いに答えなさい。

①　線分 CE の長さを求めなさい。(　　　cm)

②　線分 EG の長さを求めなさい。(　　　cm)

10 右の図1のように，AB = 5 cm，BC = 7 cm，CA = 3 cm の△ABC がある。辺 BC 上に∠BAD = ∠CAD = 60°となる点 D をとる。また，点 C を通り AD に平行な直線と，直線 AB の交点を E とする。

このとき，(1)～(4)の各問いに答えなさい。　　　　（佐賀県）

図1

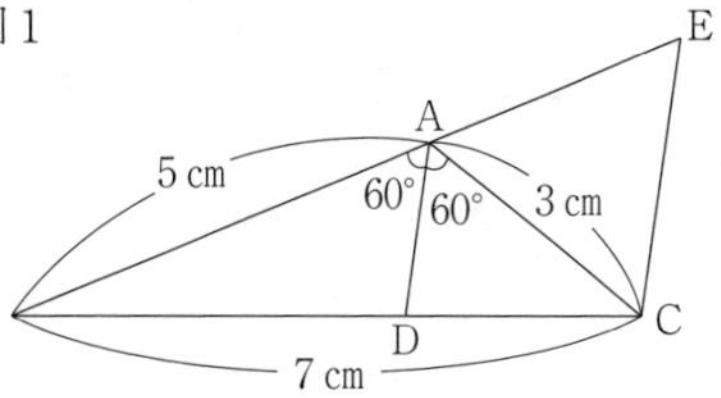

(1) △BAD ∽△BEC であることを証明しなさい。

(2) AE の長さを求めなさい。（　　　cm）

(3) BD の長さを求めなさい。（　　　cm）

(4) 右の図2は，図1において3点 A，B，C を通る円と直線 AD の交点のうち，点 A と異なる点を F としたものである。

このとき，(ア)，(イ)の問いに答えなさい。

(ア) DF の長さを求めなさい。（　　　cm）

(イ) △ACF の面積を S_1，△ACE の面積を S_2 とするとき，$S_1 : S_2$ を最も簡単な整数の比で表しなさい。

（　　：　　）

図2

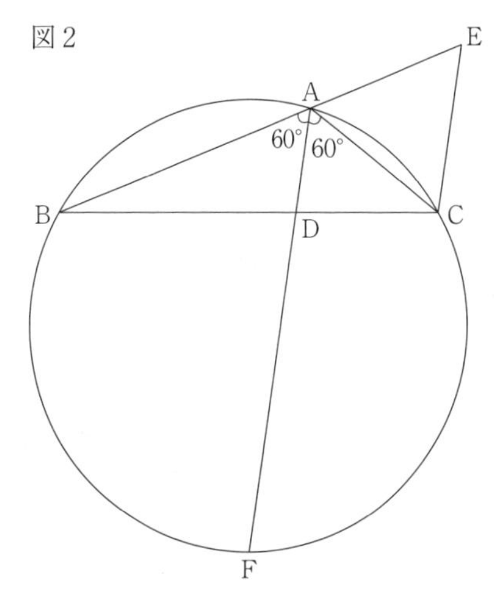

11　右の図１で，△ABC は，AB ＝ AC，∠BAC が鋭角の二等辺三角形である。

点 O は，△ABC の３つの頂点 A，B，C を通る円の中心である。

点 P は，頂点 C を含まない $\overset{\frown}{AB}$ 上にある点で，頂点 A，頂点 B のいずれにも一致しない。

点 P と頂点 A，点 P と頂点 C をそれぞれ結ぶ。

次の各問いに答えなさい。　　　　　　　　　　　（東京都立八王子東高）

図１

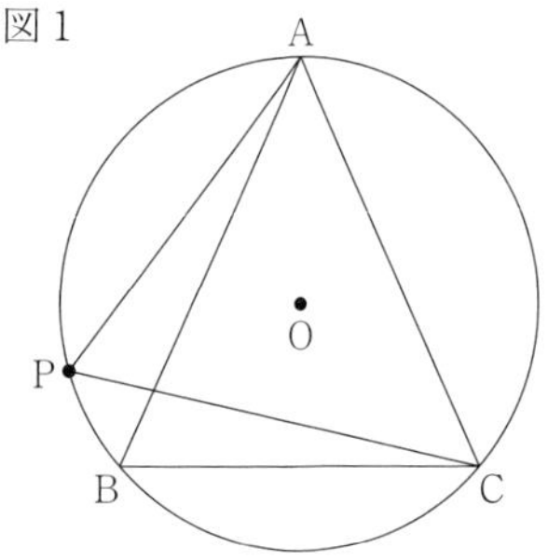

⑴　図１において，∠BAC ＝ 50°，∠ACP ＝ a° のとき，∠PAB の大きさを a を用いた式で表しなさい。（　　　　　　）

⑵　右の図２は，図１において，線分 CP 上にあり AP ＝ AQ である点を Q とし，点 Q と頂点 A，点 P と頂点 B をそれぞれ結んだ場合を表している。

BP ＝ CQ であることを証明しなさい。

図２

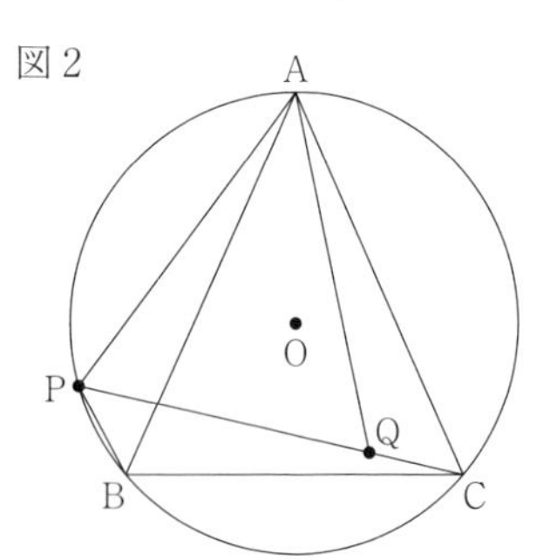

⑶　右の図３は，図２において，∠BAC ＝ 60°，∠ACP ＝ 45° とした場合を表している。

△APQ の面積が $4\sqrt{3}\,\mathrm{cm}^2$ であるとき，△ABC の面積を求めなさい。（　　　　cm^2）

図３

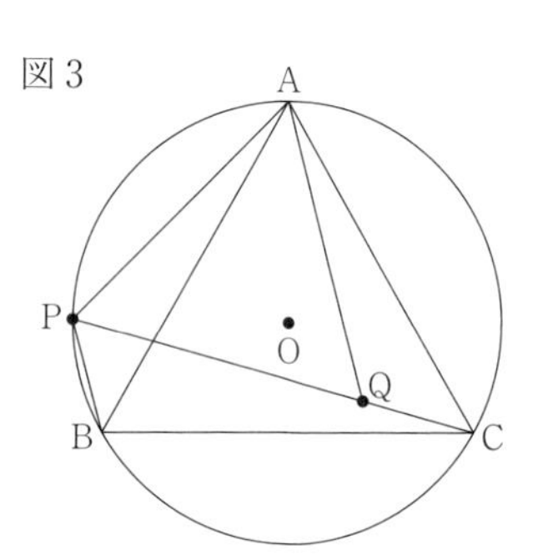

大阪府公立高入試　数学Ｂ・Ｃ図形対策

▶空間図形

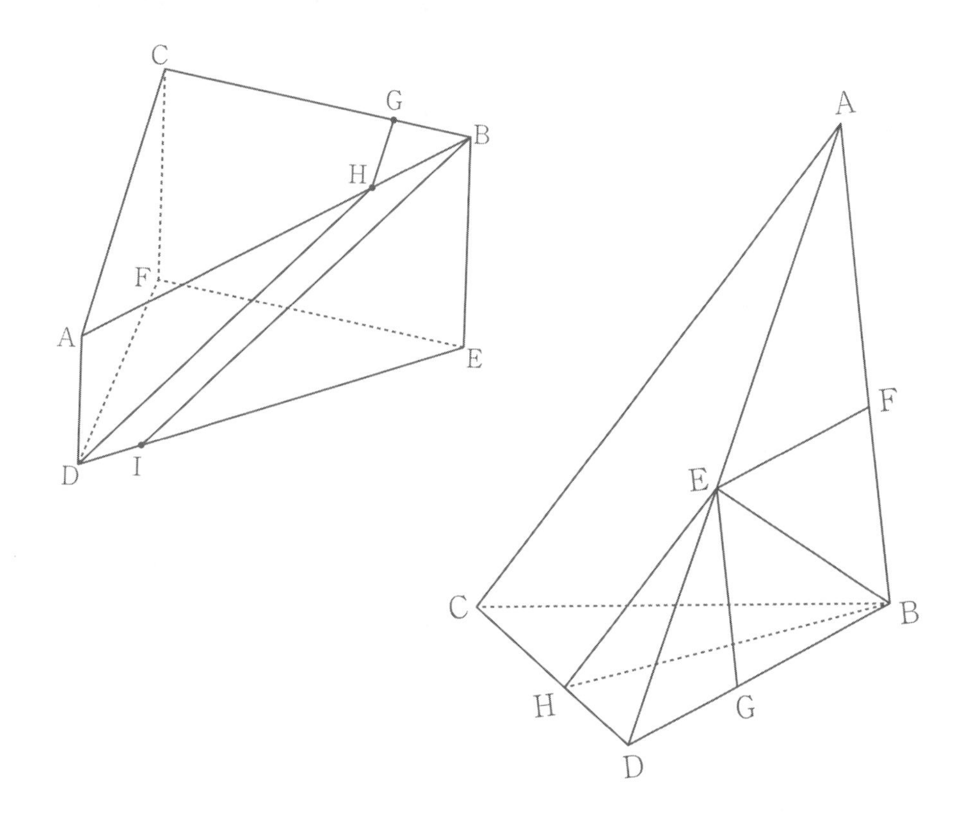

空間図形　テーマ別基本演習

テーマ 1　基礎的な性質／計量問題

1　右の図の三角柱の各辺の位置関係について，当てはまる辺をすべて答えなさい。ただし，$\angle ABC = 90^\circ$ とします。（清明学院高）

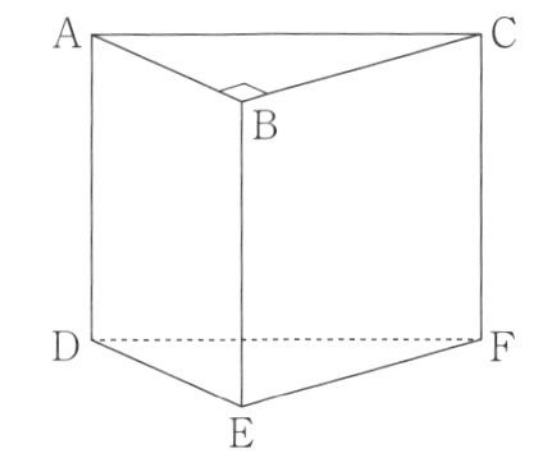

(1)　辺 AB と垂直（　　　　　　）

(2)　辺 BE と平行（　　　　　　）

(3)　辺 AC とねじれの位置にある（　　　　　　）

2　図 1 の立体は，1 辺の長さが 4 cm の立方体である。

このとき，次の(1)〜(3)の問いに答えなさい。（静岡県）

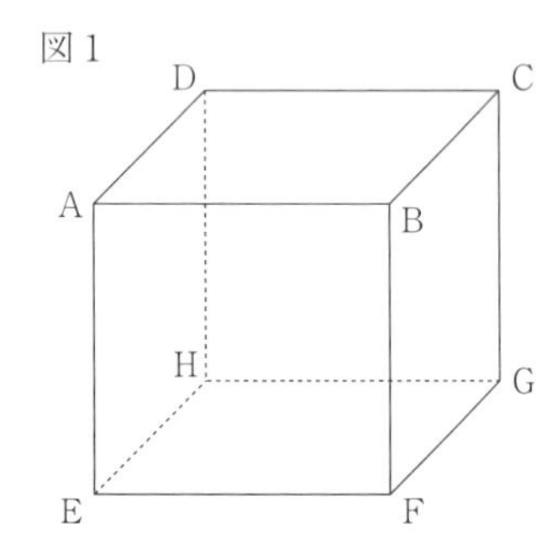

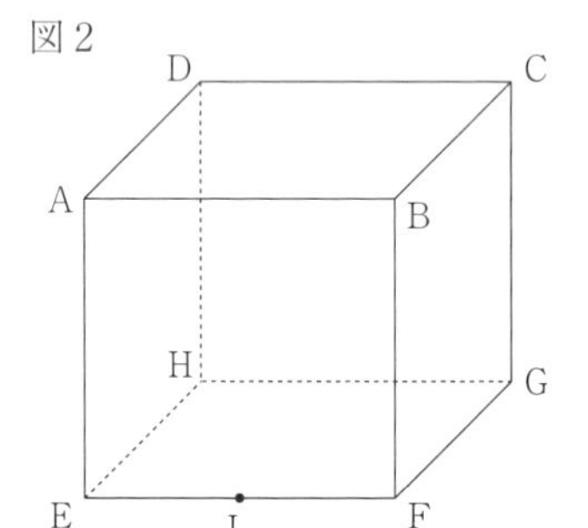

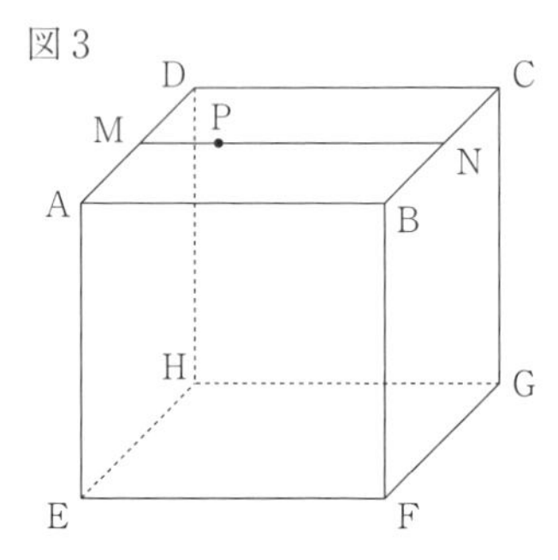

(1)　辺 AE とねじれの位置にあり，面 ABCD と平行である辺はどれか。すべて答えなさい。

（　　　　　　）

(2)　この立方体において，図 2 のように，辺 EF の中点を L とする。線分 DL の長さを求めなさい。

（　　　cm）

(3)　この立方体において，図 3 のように，辺 AD，BC の中点をそれぞれ M，N とし，線分 MN 上に MP = 1 cm となる点 P をとる。四角形 AFGD を底面とする四角すい PAFGD の体積を求めなさい。（　　　cm^3）

テーマ 2 相似比と体積比

1 右の図で，D，E，F はそれぞれ OA，OB，OC の中点である。三角すい O—ABC の体積が $24cm^3$ であるとき，三角すい台（三角すい O—ABC から三角すい O—DEF を取り除いた立体）の体積を求めなさい。（　　　cm^3）　（甲子園学院高）

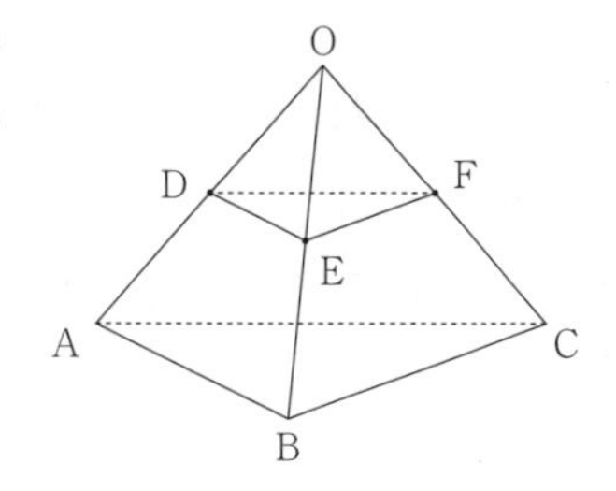

2 右の図のような四面体（三角すい）ABCD がある。辺上に AE : EB = 2 : 3，AF : FC = 2 : 3，AG : GD = 2 : 3 となる点 E，F，G をとる。次の□にあてはまる数を答えなさい。　（京都学園高）

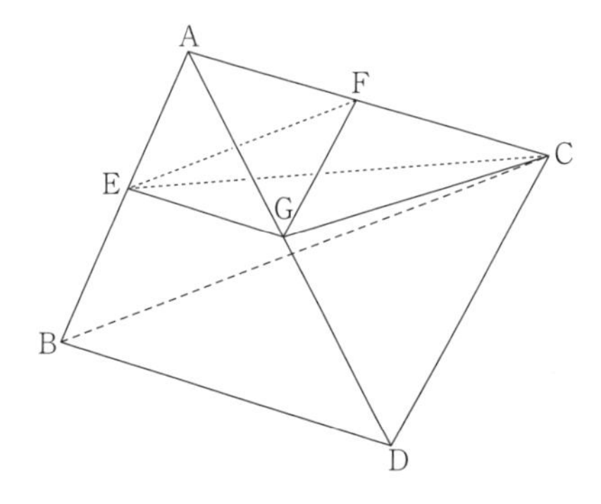

(1) 四面体 ABCD の体積と四面体 AEFG の体積の比をもっとも簡単な整数の比で表すと，四面体 ABCD の体積：四面体 AEFG の体積＝□である。

(2) 四面体 AEFG の体積と四面体 CEFG の体積の比をもっとも簡単な整数の比で表すと，四面体 AEFG の体積：四面体 CEFG の体積＝□である。

テーマ3　三平方の定理と方程式の立式

1　右の図のような直方体ABCD―EFGHがあり，AE = 6cm，EF = 3cm，FG = 4cmである。辺CG上に点Iをとり，CI = $t$cmとする。次の各問いに答えなさい。

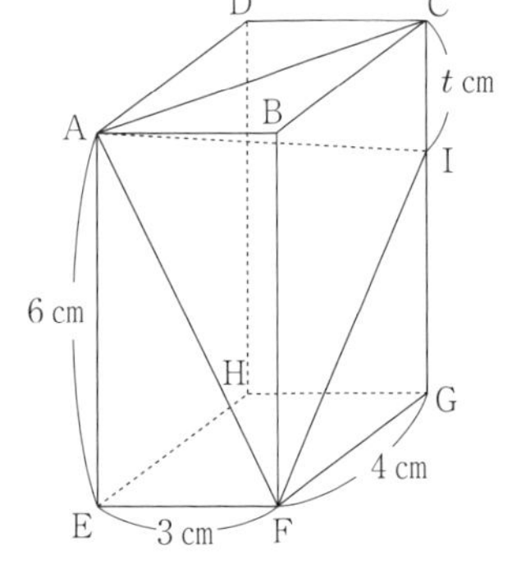

(1)　線分ACの長さを求めなさい。(　　　cm)

(2)　AI^2，FI^2の値を，それぞれtを用いて表しなさい。ただし，括弧を含む式になる場合は計算をして，できるだけ簡単な形で表すこと。

AI^2 = (　　　　　　)　FI^2 = (　　　　　　)

(3)　△AFIがAI = FIの二等辺三角形となるようなtの値を求めなさい。(　　　)

2　右の図のような直方体ABCD―EFGHがあり，AE = 4cm，EF = FG = 6cmである。この直方体の3つの頂点A，C，Fを結んでできる△AFCにおいて，頂点Cから辺AFに垂線をひき，交点をIとする。次の各問いに答えなさい。

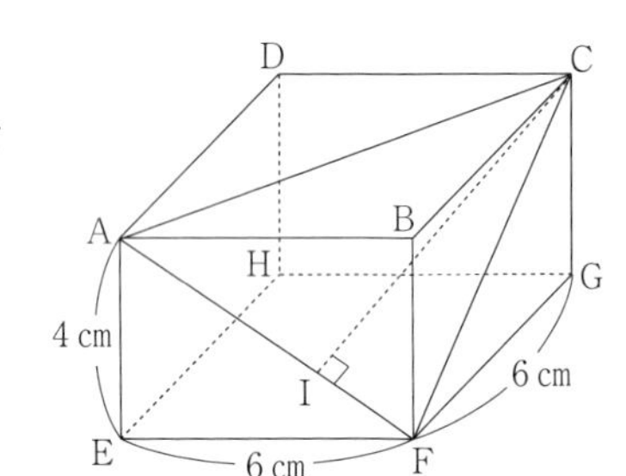

(1)　線分AF，線分ACの長さをそれぞれ求めなさい。

AF = (　　　cm)　AC = (　　　cm)

(2)　線分AIの長さを求めなさい。(　　　cm)

テーマ4　体積を２通りに表す

1　次の図１のように，１辺が６cm の立方体 ABCD―EFGH がある。
このとき，次の(1)，(2)に答えなさい。　　　　　　　　　　　　　　　　　　（京都府）

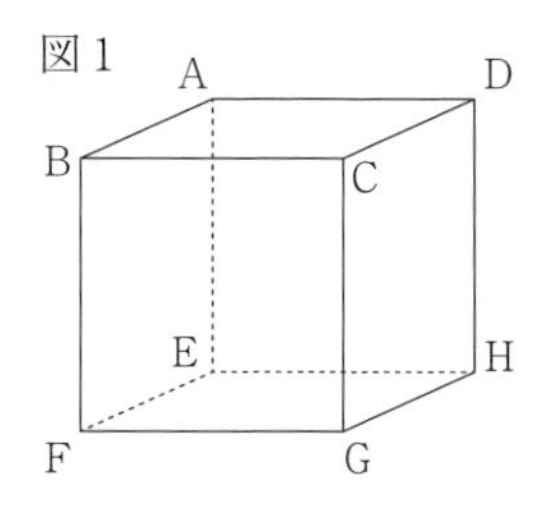

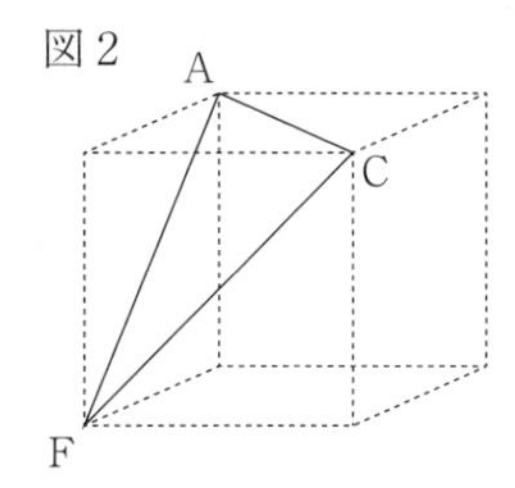

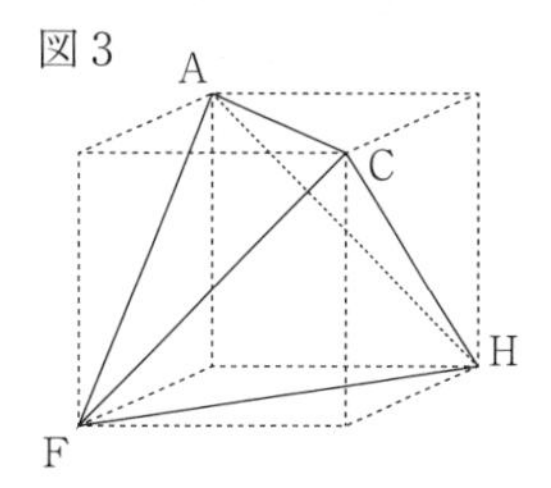

(1)　図１の立方体 ABCD―EFGH の３つの頂点 A，F，C を結んでできる上の図２のような△AFC の面積を求めなさい。（　　　　cm²）

(2)　図１の立方体 ABCD―EFGH の４つの頂点 A，F，C，H を結んでできる上の図３のような三角錐(すい) AFCH の体積を求めなさい。また，図３の三角錐 AFCH において，△AFC を底面としたときの高さを求めなさい。体積（　　　　cm³）　高さ（　　　　cm）

2　右の図のように，点 A，B，C，D，E，F，G，H を頂点とし，１辺の長さが６cm の立方体がある。辺 BF の中点を I，辺 DH の中点を J とし，４点 A，E，I，J を結んで三角すい P をつくる。
このとき，次の各問いに答えなさい。　　　　　　　　　　（三重県）

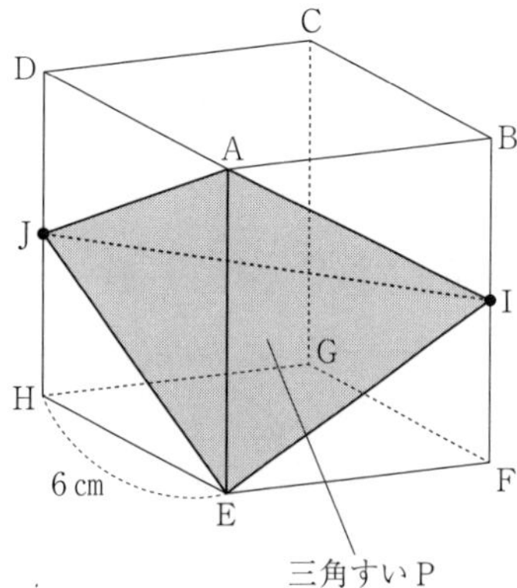

(1)　辺 EJ の長さを求めなさい。（　　　　cm）

(2)　△EIJ の面積を求めなさい。（　　　　cm²）

(3)　面 EIJ を底面としたときの三角すい P の高さを求めなさい。（　　　　cm）

テーマ5　立体の分割

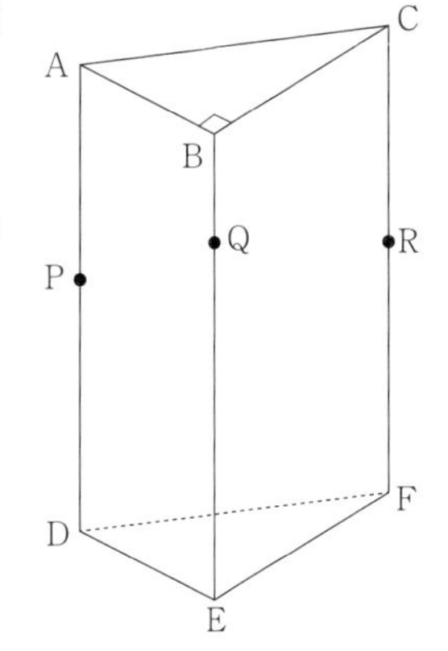

1　右の図のように，底面が直角三角形で，側面はすべて長方形の三角柱ABC—DEFがあり，AB = 6 cm，BC = 10cm，∠ABC = 90°，AD = 20cmである。また，点P，Q，Rはそれぞれ辺AD，BE，CF上の点で，AP = CR，BQ = 5 cmであり，△BCPは直角二等辺三角形である。このとき，次の各問いに答えなさい。　**(広島文教女子大附高)**

(1)　BPの長さを求めなさい。(　　　cm)

(2)　APの長さを求めなさい。(　　　cm)

(3)　3点P，Q，Rを通る平面でこの三角柱を切って2つに分けるとき，頂点Eを含む方の立体の体積を求めなさい。(　　　cm^3)

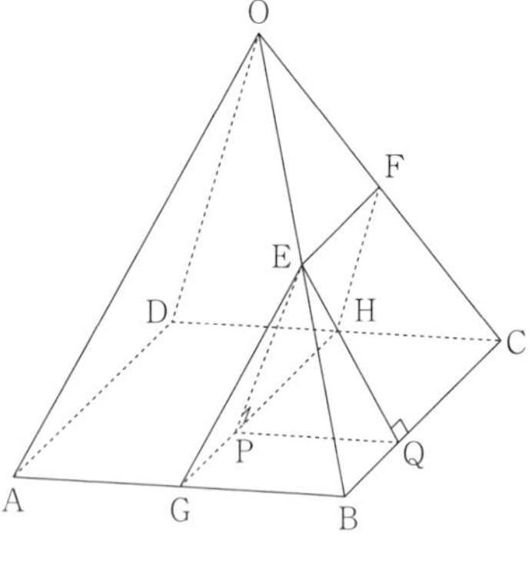

2　右の図で，四角錐O—ABCDは，底面が1辺$6\sqrt{2}$cmの正方形で，他の辺の長さがすべて12cmの正四角錐である。辺OB，OC，AB，CDの中点をそれぞれE，F，G，Hとするとき，次の各問いに答えなさい。　**(関西中央高)**

(1)　四角錐O—ABCDの体積を求めなさい。(　　　cm^3)

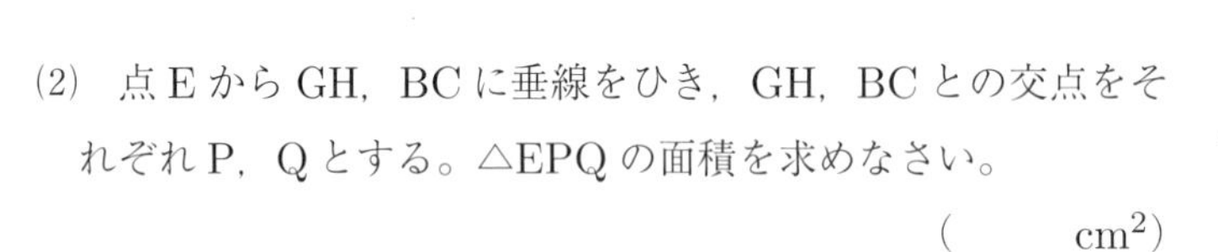

(2)　点EからGH，BCに垂線をひき，GH，BCとの交点をそれぞれP，Qとする。△EPQの面積を求めなさい。

(　　　cm^2)

(3)　点E，F，G，B，C，Hを頂点とする立体の体積を求めなさい。(　　　cm^3)

空間図形　実戦問題演習 I

1　次の問いに答えなさい。

(1)　右の図の直角三角形ABCを，直線ACを軸として1回転させてできる立体の体積を$V\text{ cm}^3$とするとき，Vをaの式で表しなさい。

ただし，円周率はπとする。(　　　　　)　(群馬県)

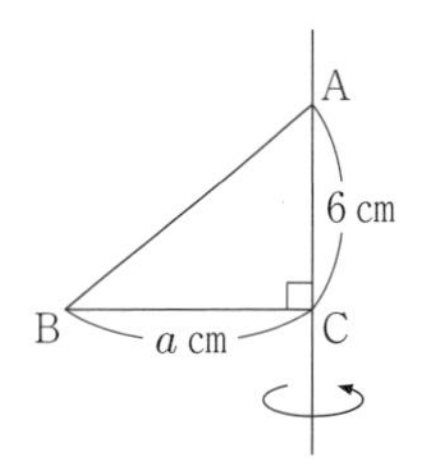

(2)　右の図は，縦，横，高さがそれぞれa，b，cの直方体である。このとき，$2(ab + bc + ca)$は，この直方体のどんな数量を表すか。

(　　　　　)　(鹿児島県)

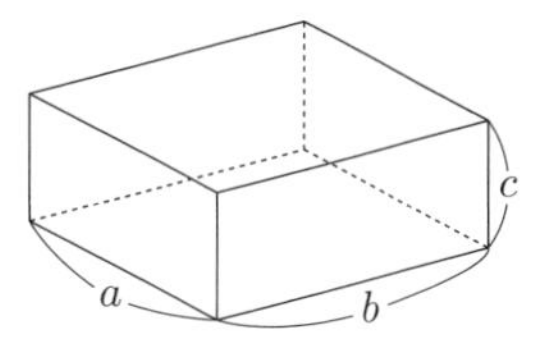

(3)　右の図は，底面の半径が$2a$ cmで高さがh cmの円錐（すい）と，底面の半径がa cmで高さが$2h$ cmの円柱である。円錐の体積は円柱の体積の何倍か，求めなさい。(　　　倍)　(秋田県)

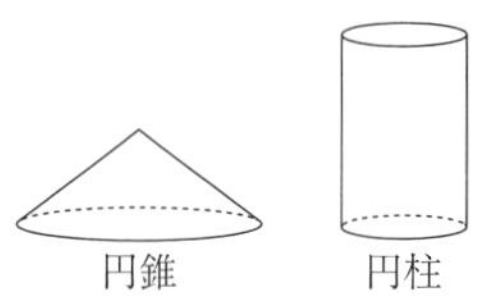

(4)　図1のように，1辺の長さが9 cmの立方体状の容器に，水面が頂点A，B，Cを通る平面となるように水を入れた。次に，この容器を水平な台の上に置いたところ，図2のように，容器の底面から水面までの高さがx cmになった。xの値を求めなさい。(　　　)

(岐阜県)

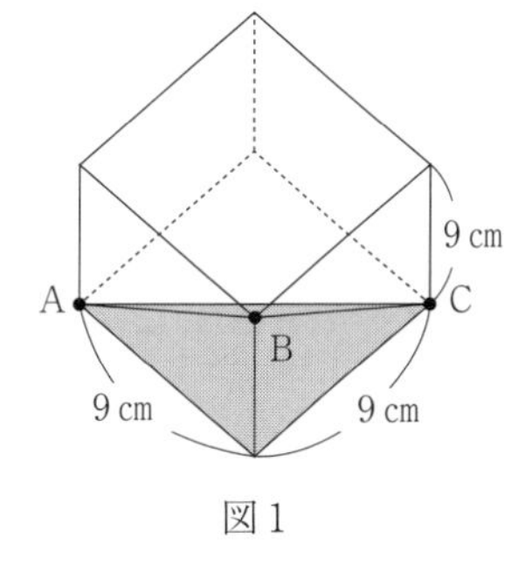

図1

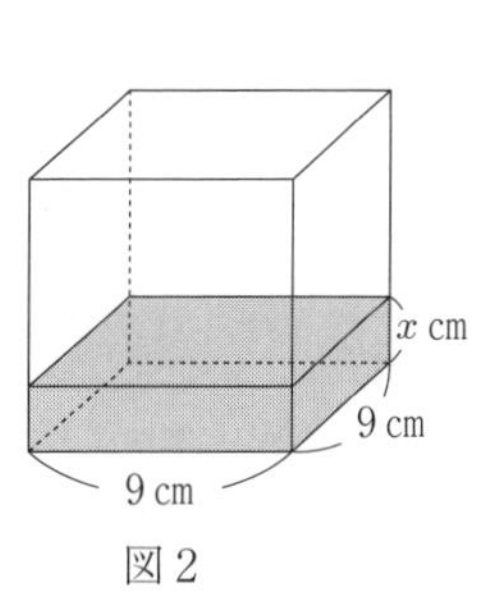

図2

(5)　aは定数で，$0 < a < 5$とする。右の図の直方体の展開図において，AB = 6 cm，BC = 10cm，EF = a cmとするとき，この展開図を組み立ててつくった直方体の体積を，aを用いた式で表しなさい。

(　　　　　cm^3)　(初芝富田林高)

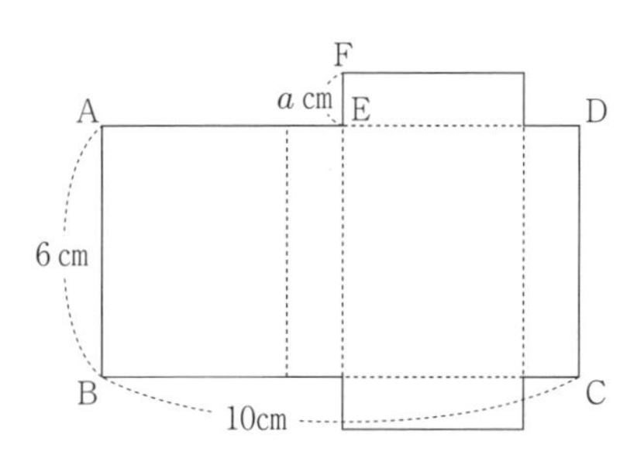

2 図 1，図 2 において，立体 ABC―DEF は三角柱である。△ABC と△DEF は，合同な正三角形であり，AB = 2 cm である。四角形 ADEB，BEFC，ADFC は合同な長方形であり，AD = 4 cm である。

次の問いに答えなさい。答えが根号をふくむ形になる場合は，その形のままでよい。　(大阪府)

図 1

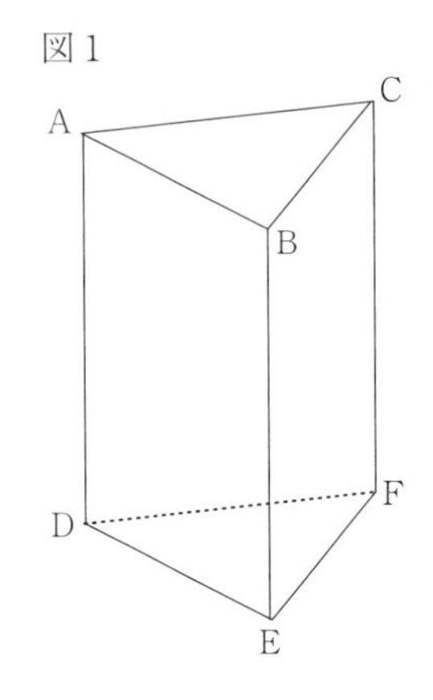

図 2

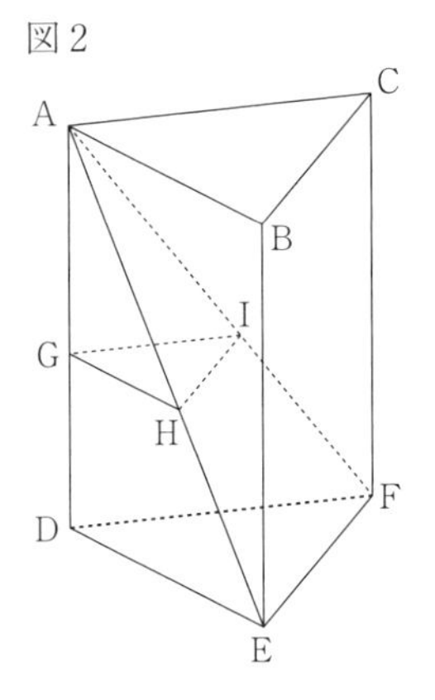

(1) 図 1 において，

① 次のア～オのうち，辺 AB と平行な辺，辺 AB とねじれの位置にある辺はそれぞれどれですか。一つずつ選び，記号を書きなさい。平行な辺(　　)　ねじれの位置にある辺(　　)

ア　辺 BC　　イ　辺 CA　　ウ　辺 CF　　エ　辺 AD　　オ　辺 DE

② 三角柱 ABC―DEF の表面積を求めなさい。(　　　　　cm^2)

(2) 図 2 において，G は辺 AD 上にあって A，D と異なる点である。H は，G を通り辺 DE に平行な直線と直線 AE との交点である。I は，G を通り辺 DF に平行な直線と直線 AF との交点である。H と I とを結ぶ。AG = x cm とし，$0 < x < 4$ とする。線分 HI の長さを x を用いて表しなさい。(　　　cm)

3 図1，図2において，立体ABCD—EFGHは直方体である。次の問いに答えなさい。答えが根号をふくむ形になる場合は，その形のままでよい。 (大阪府)

図1

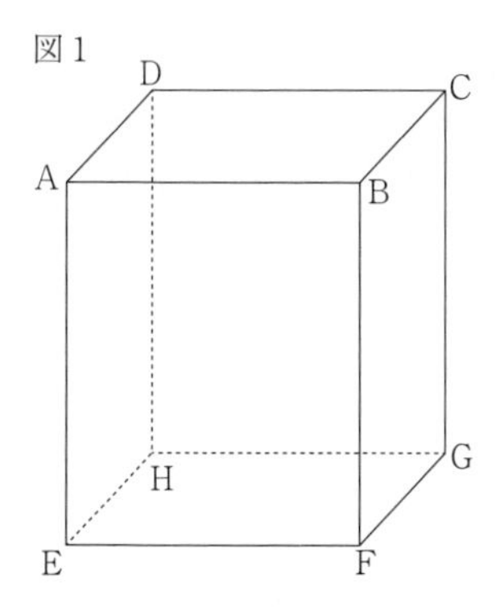

図2

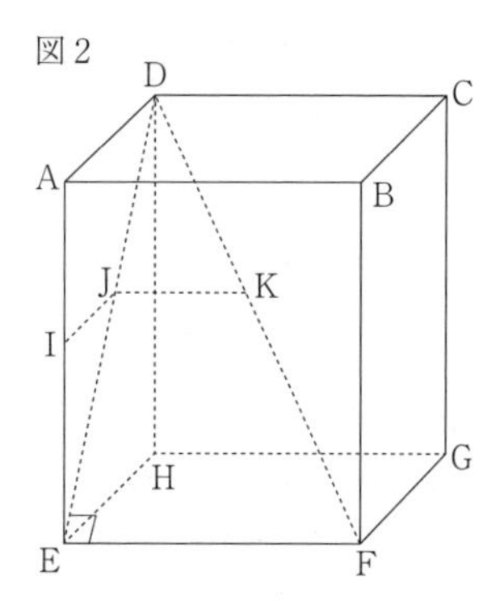

(1) 図1において，次のア～カのうち，面BFGCと垂直な辺はどれですか。すべて選び，記号を書きなさい。(　　　　)

ア　辺AB　　イ　辺AD　　ウ　辺AE　　エ　辺BF　　オ　辺FG　　カ　辺GH

(2) 図2において，AB = 5cm，AD = 4cm，AE = 6cmである。DとE，DとFとをそれぞれ結ぶ。Iは辺AE上にあって，A，Eと異なる点である。JはIを通り辺ADに平行な直線と線分DEとの交点である。KはJを通り辺EFに平行な直線と線分DFとの交点である。このとき，△DEFは∠DEF = 90°の直角三角形である。AI = $x$cmとし，$0 < x < 6$とする。

① △DEFの面積を求めなさい。(　　　　cm^2)

② IJ = JKとなるときのxの値を求めなさい。(　　　　)

4 図１は，AB ＝ 6 cm，BC ＝ 4 cm，AE ＝ 3 cm の直方体 ABCDEFGH を表している。
次の⑴～⑶に答えなさい。　　　　　　　　　　　　　　　　　　　　　　　　　（福岡県）

⑴　図１に示す立体において，辺や面の位置関係を正しく述べているものを次のア～エからすべて選び，記号で答えなさい。

（　　　　）

図１

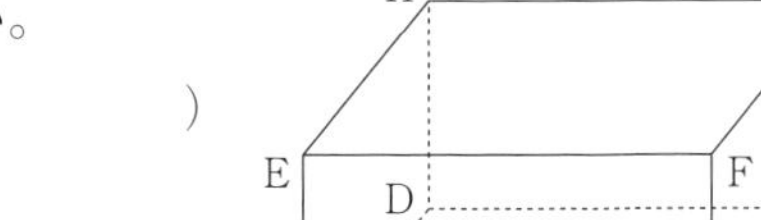

ア　面 ABFE と辺 DH は垂直である。
イ　辺 AB と辺 AD は垂直である。
ウ　面 ADHE と面 BCGF は平行である。
エ　辺 CD と辺 EF はねじれの位置にある。

⑵　図１に示す立体において，辺 EF の中点を M，辺 FG の中点を N とする。直方体 ABCDEFGH を４点 A，C，N，M を通る平面で分けたときにできる２つの立体のうち，頂点 F をふくむ立体の体積を求めなさい。（　　　　cm^3）

⑶　図２は，図１に示す立体において，辺 EH 上に点 I を EI ＝ 1 cm，線分 DG 上に点 J を DJ：JG ＝ 1：2 となるようにとり，点 I と点 J を結んだものである。
　このとき，線分 IJ の長さを求めなさい。（　　　　cm）

図２

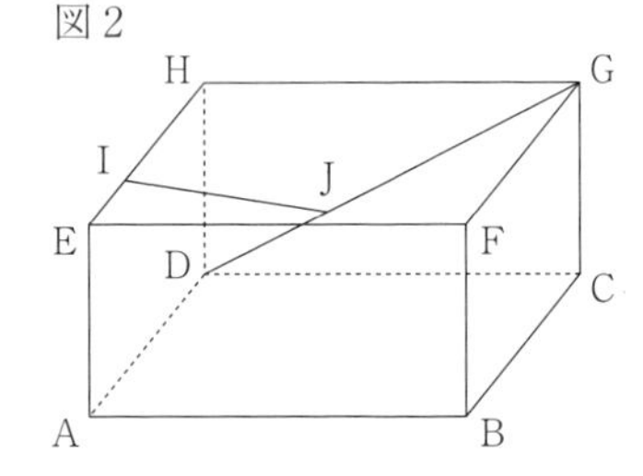

5 右の図１に示した立体 A―BCDE は，底面 BCDE が１辺 12cm の正方形で，AB = AC = AD = AE = 12cm の正四角すいである。

次の各問いに答えなさい。 **（東京都立国分寺高）**

(1) 立体 A―BCDE の体積は何 cm^3 か。（　　　　　cm^3）

図１

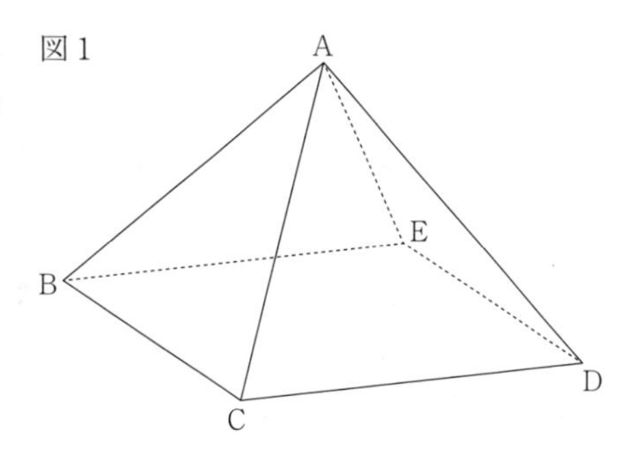

(2) 右の図２は，図１において，辺 AD 上にある点を P，辺 AE 上にある点を Q とし，頂点 B と点 Q，点 Q と点 P，点 P と頂点 C をそれぞれ結んだ場合を表している。

次の①，②に答えなさい。

① AP = AQ = 6 cm のとき，四角形 BCPQ の面積は何 cm^2 か。（　　　　　cm^2）

図２

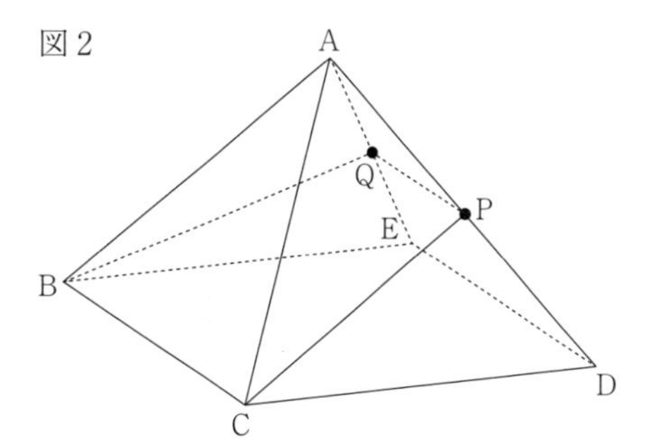

② 右の図３は，図２において，AP = AQ = 4 cm のとき底面 BCDE の対角線の交点を R とし，頂点 A と点 R を結び，線分 AR と四角形 BCPQ の交点を S とした場合を表している。

線分 SR の長さは何 cm か。（　　　　cm）

図３

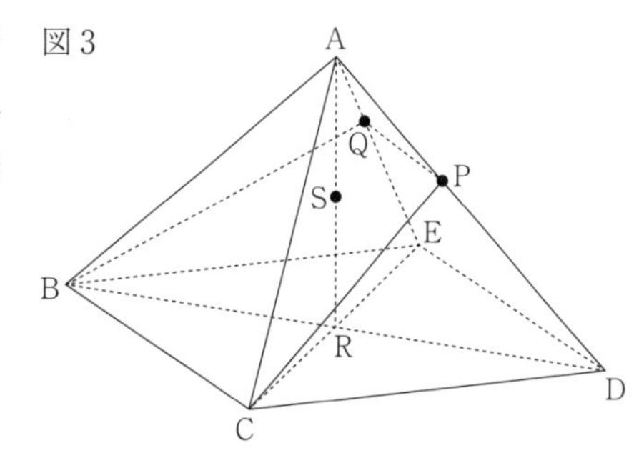

6　右の図は，AD ∥ BC，AB ＝ AD ＝ 3 cm，BC ＝ 4 cm，∠DCB ＝ 90° の台形 ABCD を底面とし，4 つの側面がそれぞれ長方形の四角柱 ABCD―EFGH で，BF ＝ 6 cm である。点 P は辺 BC 上にあって，∠APB ＝ 90° であり，点 Q は線分 AP と線分 BD との交点である。また，点 R は線分 PC の中点である。

　このとき，次の各問いに答えなさい。ただし，根号がつくときは，根号のついたままで答えること。　　　　（熊本県）

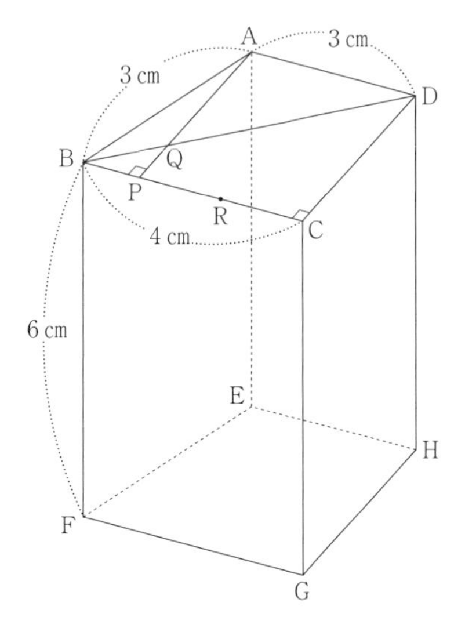

(1)　線分 AP の長さを求めなさい。(　　　cm)

(2)　四角形 QFHD の面積を求めなさい。(　　　cm^2)

(3)　四角形 QFHD を底面とする四角すい RQFHD の体積を求めなさい。(　　　cm^3)

7 右の図は，点 A，B，C，D，E，F を頂点とし，3 つの側面がそれぞれ長方形である三角柱で，$AC = 9$ cm，$AD = 6$ cm，$DE = 7$ cm，$EF = 8$ cm である。

このとき，次の各問いに答えなさい。（熊本県）

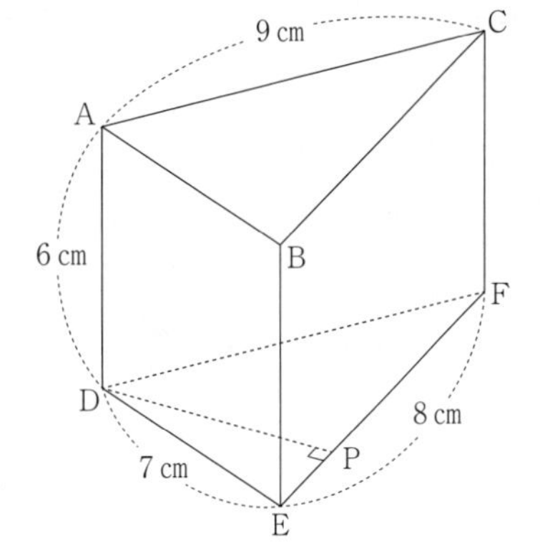

(1) 三角柱の辺のうち，辺 AB とねじれの位置にある辺をすべて答えなさい。（　　　　　　　）

(2) 辺 EF 上に点 P を，$DP \perp EF$ となるようにとり，$EP = x$ cm とする。

このとき，x の値の求め方について，次の［ア］には式を，［イ］には数を入れて，文章を完成しなさい。ア（　　　　　　）　イ（　　　）

DP^2 を x の式で表すと，$DP^2 = 7^2 - x^2$，$DP^2 =$［ア］という 2 通りの二次式で表される。この 2 通りの二次式から，x についての方程式を導き，その方程式を解くと，$x =$［イ］である。

(3) △ADP を，辺 AP を軸として 1 回転させてできる立体の体積を求めなさい。ただし，円周率は π とする。（　　　　cm^3）

8　右の図のように，底面は1辺の長さが2cmの正方形で，他の辺の長さが$2\sqrt{2}$cmの正四角すいOABCDがある。

次の(1)，(2)の問いに答えなさい。　　　　　　　　　　　　　　　　　**(大分県)**

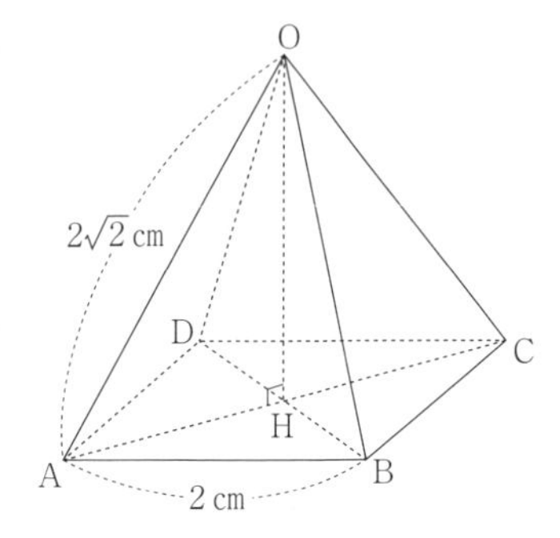

(1)　右の図のように，底面の正方形ABCDの対角線の交点をHとするとき，線分OHの長さと正四角すいOABCDの体積をそれぞれ求めなさい。OH＝(　　　　cm)　体積＝(　　　　cm^3)

(2)　右の図のように，点Aから辺OBにひいた垂線と辺OBとの交点をP，点Dから辺OCにひいた垂線と辺OCとの交点をQとする。

次の①，②の問いに答えなさい。

①　線分PQの長さを求めなさい。(　　　　cm)

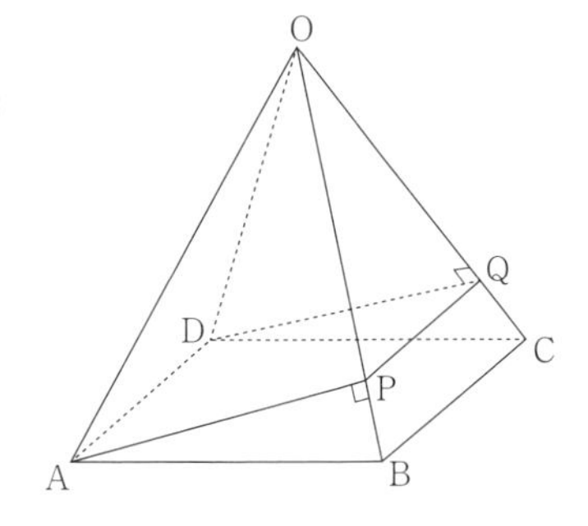

②　四角すいDPBCQの体積を求めなさい。(　　　　cm^3)

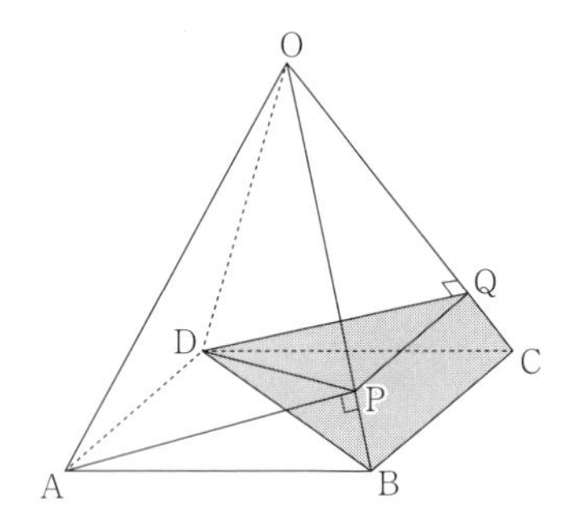

9 図1，図2，図3において，立体ABC—DEFは三角柱であり，AB = BC，AC = 6 cm，AD = 8 cm，∠ABC = 90°である。

次の問いに答えなさい。答えが根号をふくむ数になる場合は，根号の中をできるだけ小さい自然数にすること。 (大阪学芸高)

図1

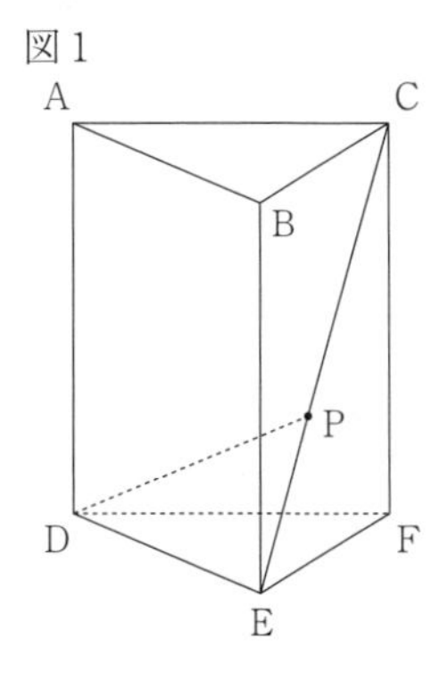

図2

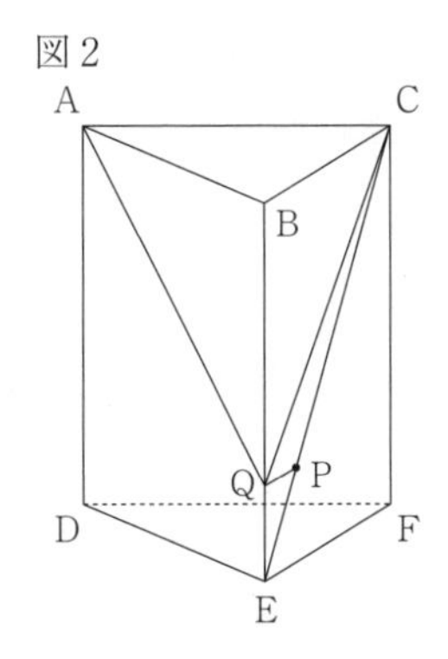

図3

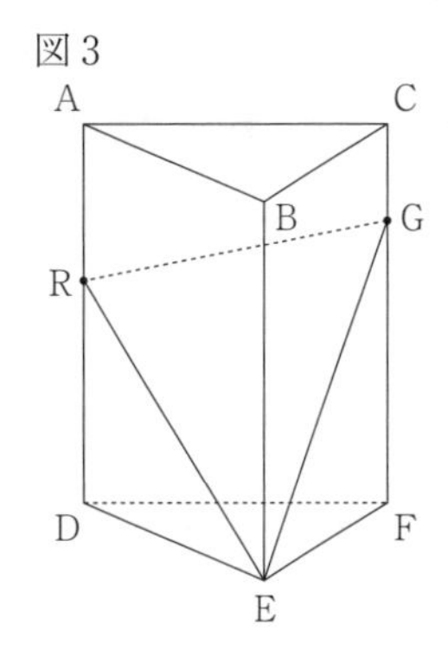

(1) 図1，図2において，Pは線分CE上の点である。

① 図1において，∠DPE = 60°のとき，線分DPの長さを求めなさい。(　　　cm)

② 図2において，Qは辺BE上の点であり，BC∥QPである。CP : PE = 3 : 1のとき，△AQCの面積を求めなさい。(　　　cm^2)

(2) 図3において，Gは辺CF上の点であり，CG : GF = 1 : 3である。また，Rは辺AD上の点であり，GR = ERである。EとGを結ぶ。

① 線分DRの長さを求めなさい。(　　　cm)

② 3点G，R，Eを通る平面で三角柱ABC—DEFを2つの立体に分けるとき，Dをふくむ方の立体の体積を求めなさい。(　　　cm^3)

10　図1は，底面ABCDEFが1辺の長さ4cmである正六角形で，側面がすべて合同な長方形の六角柱ABCDEFGHIJKLを表しており，AG = 6cmである。

図2は，図1に示す立体において，点Gと点I，点Hと点J，点Hと点Lをそれぞれ結び，線分GIと線分HJ，HLとの交点をそれぞれP，Qとしたものである。

次の(1)は指示にしたがって，(2)，(3)は最も簡単な数で答えなさい。

ただし，根号を使う場合は$\sqrt{}$の中を最も小さい整数にすること。　(福岡県)

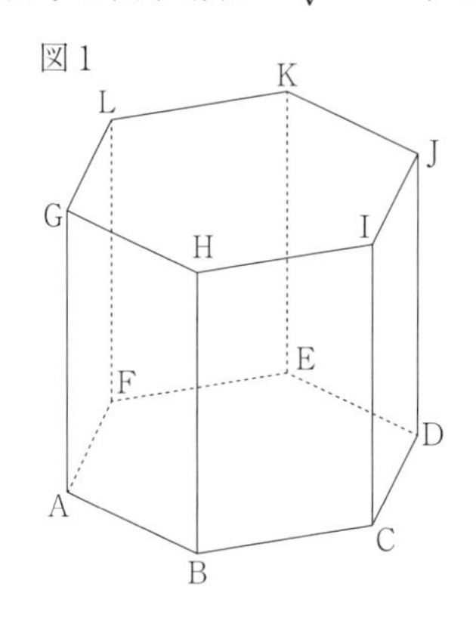

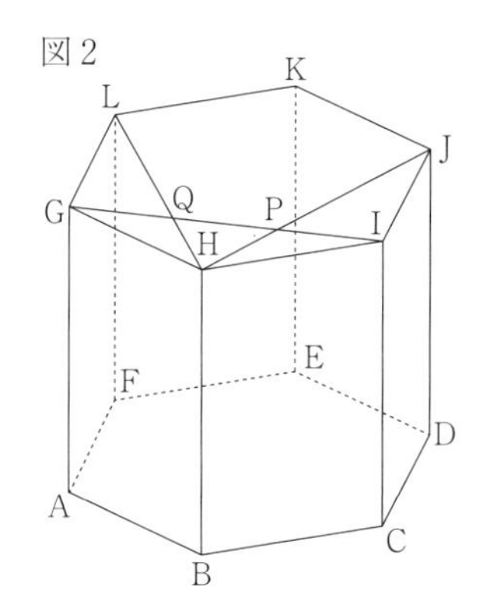

(1)　図1に示す立体において，次のア～カのうち，辺BHとねじれの位置にある辺をすべて選び，記号で答えなさい。(　　　)

ア　辺BC　　イ　辺DE　　ウ　辺AG　　エ　辺EK　　オ　辺KL　　カ　辺GH

(2)　図2に示す立体において，三角すいBHPQの体積を求めなさい。(　　　cm^3)

(3)　図1に示す立体において，点Dと点Kを結び，線分DK上に点Rを△ADRと四角形BCJGの面積比が1：2となるようにとる。

このとき，線分DRの長さを求めなさい。(　　　cm)

11 図1～図3のように，6つの点A，B，C，D，E，Fを頂点とする三角柱ABCDEFがあり，側面はいずれも底面に垂直で，AB = BC = AD = 4 cm，∠ABC = 90°である。このとき，次の問いに答えなさい。 **（長崎県）**

図1

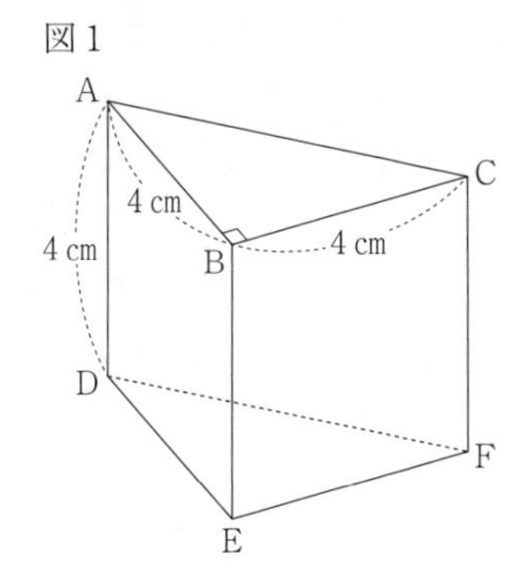

図2

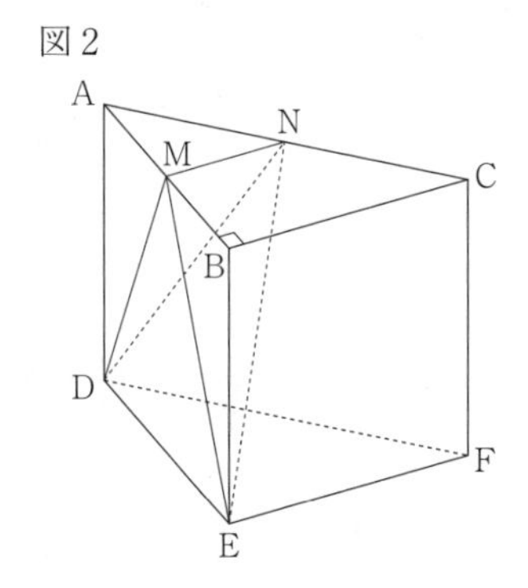

図3

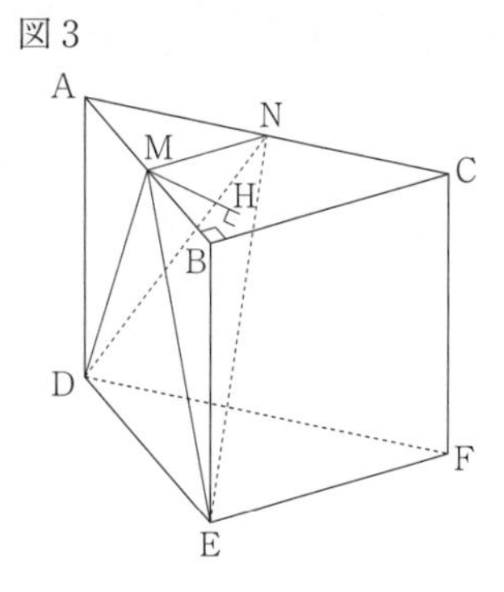

(1) 図1の三角柱ABCDEFにおいて，辺ABとねじれの位置にある辺は全部で何本あるか。

（　　　本）

(2) 三角柱ABCDEFの体積は何 cm^3 か。（　　　cm^3）

(3) 図2，図3のように，辺AB，辺ACの中点をそれぞれM，Nとする。このとき，次の(ア)～(ウ)に答えなさい。

(ア) 線分MNの長さは何cmか。（　　　cm）

(イ) 三角すいNMDEの体積は何 cm^3 か。（　　　cm^3）

(ウ) 図3のように，点Mから△NDEにひいた垂線と△NDEとの交点をHとする。このとき，線分MHの長さは何cmか。（　　　cm）

12　図1～図3において，立体ABC—DEFは三角柱である。△ABCと△DEFは合同な二等辺三角形であり，BA = BC = 6cm，AC = 2cmである。四角形DEBA，DFCA，FEBCは長方形である。BE = x cmとする。

次の問いに答えなさい。答えが根号をふくむ数になる場合は，根号の中をできるだけ小さい自然数にすること。　(大阪府)

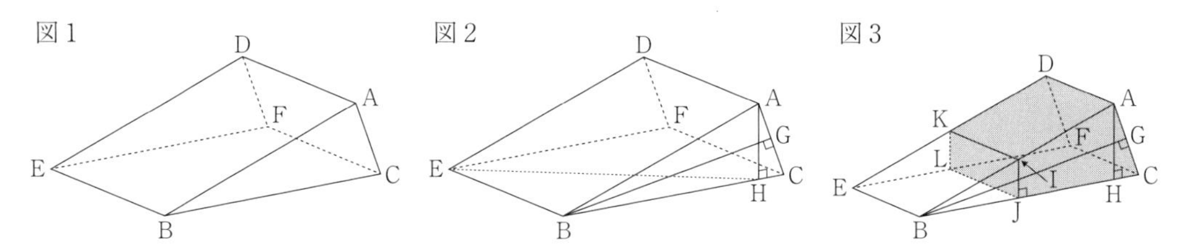

(1)　図1において，次のア～オのうち，辺ABとねじれの位置にある辺はどれですか。すべて選び，記号を○で囲みなさい。(　ア　イ　ウ　エ　オ　)

ア　辺AC　　イ　辺BE　　ウ　辺CF　　エ　辺DE　　オ　辺EF

(2)　図2において，Gは，辺ACの中点である。BとGとを結ぶ。このとき，BG ⊥ ACである。Hは，Aから辺BCにひいた垂線と辺BCとの交点である。このとき，△ACH ∽ △BCGである。EとHとを結ぶ。EH = 7cmであるときのxの値を求めなさい。(　　　)

(3)　図3は，図2においてx = 2であるときの状態を示している。

図3において，Iは，辺AB上にあってA，Bと異なる点である。Jは，Iから辺BCにひいた垂線と辺BCとの交点である。Kは，Iを通り辺BEに平行な直線と辺DEとの交点である。Lは，Jを通り辺BEに平行な直線と辺EFとの交点である。このとき，立体IBJ—KELは三角柱である。

BI = 3cmであるとき，

①　線分IJの長さを求めなさい。(　　　cm)

②　立体AIJC—DKLFの体積を求めなさい。(　　　cm^3)

空間図形 実戦問題演習 Ⅱ

1 立体 ABC—DEF は五面体である。四角形 BEFC は長方形，△DEF は一辺が $2\sqrt{2}$ の正三角形である。また，四角形 ABED と四角形 ACFD は合同であり，AD = 2，BE = 4，∠ABE = ∠BAD = 90° である。辺 DE 上に $DP = \dfrac{2\sqrt{2}}{3}$ となるように点 P をとるとき，次の各問いに答えなさい。 (西大和学園高)

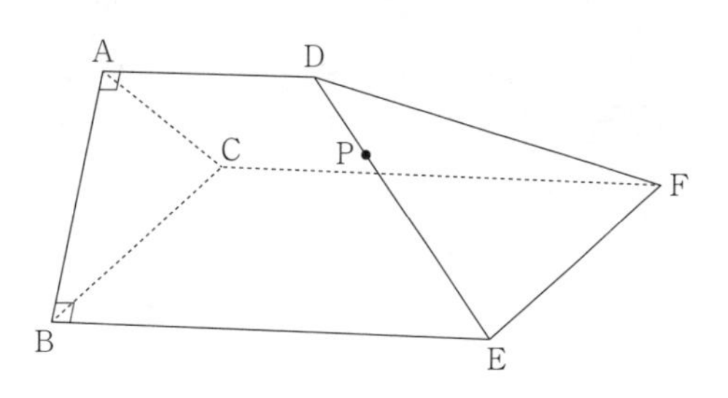

(1) 辺 AB の長さを求めなさい。(　　　)

(2) 立体 ABC—DEF の体積を求めなさい。(　　　)

(3) 線分 BP の長さを求めなさい。(　　　)

(4) 立体 ABC—DEF を 3 点 B，C，P を通る平面で切断して 2 つに分けるとき，点 A を含む方の体積を求めなさい。(　　　)

2 右の図のように，すべての辺の長さが6の正四角すい O—ABCD がある。辺 OA の中点を P，辺 OB の三等分点のうち B に近い方の点を Q，辺 OC の中点を R とし，3点 P，Q，R を通る平面と辺 OD との交点を S とする。また O から平面 ABCD に下ろした垂線を OH とし，OH と平面 PQRS との交点を I とする。

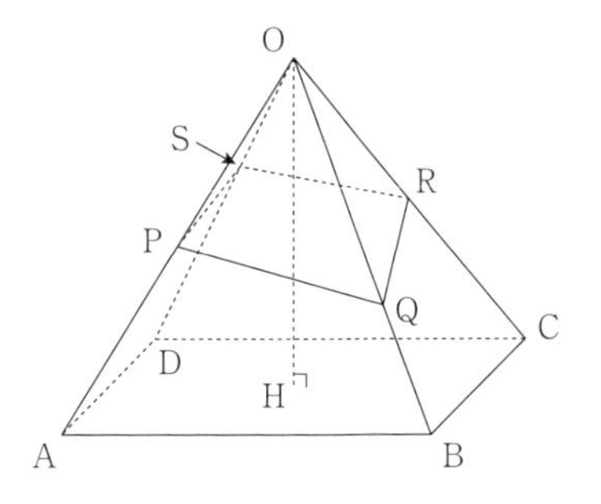

次の［　　］にあてはまる数を答えなさい。　(大阪星光学院高)

(1) OH の長さは［ ア ］であり，OI の長さは［ イ ］である。
ア(　　　)　イ(　　　)

(2) ∠DOB = ［ ウ ］度で，OS の長さは［ エ ］であるから，△OSQ の面積は［ オ ］である。
ウ(　　　)　エ(　　　)　オ(　　　)

(3) 四角すい O—PQRS の体積は［ カ ］である。カ(　　　)

3 図1～図3において，立体ABC—DEFは五つの平面で囲まれてできた立体である。△ABCはAB = AC = 3 cmの二等辺三角形であり，△DEFはDE = DF = 4 cmの二等辺三角形である。平面ABCと平面DEFは平行である。直線ADは平面ABC，DEFに垂直である。四角形BEFC，CFDA，BEDAは台形であり，台形CFDA ≡ 台形BEDAである。AD = 4 cmであり，△ABCの内角∠BAC = a°とする。

次の問いに答えなさい。答えが根号をふくむ形になる場合は，その形のままでよい。 **(大阪府)**

図1

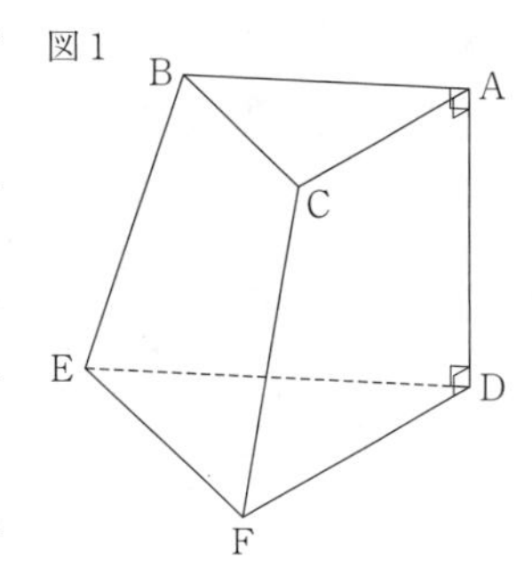

(1) 図1において，

① △DEFの内角∠DEFの大きさをaを用いて表しなさい。(　　　　　)

② 辺CFの長さを求めなさい。(　　　　cm)

(2) 図2，図3は，a = 60であるときの状態を示している。

図2，図3において，Gは，辺AD上にあってA，Dと異なる点である。HはGを通り辺DEに平行な直線と辺BEとの交点であり，IはGを通り辺DFに平行な直線と辺CFとの交点である。GとH，HとI，IとGとをそれぞれ結ぶ。このとき，平面GHIと平面DEFは平行である。AG = x cmとし，0 < x < 4とする。

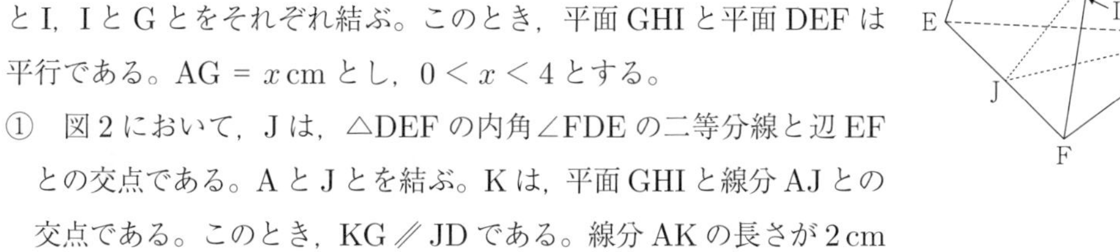

① 図2において，Jは，△DEFの内角∠FDEの二等分線と辺EFとの交点である。AとJとを結ぶ。Kは，平面GHIと線分AJとの交点である。このとき，KG ∥ JDである。線分AKの長さが2 cmであるときのxの値を求めなさい。(　　　)

図2

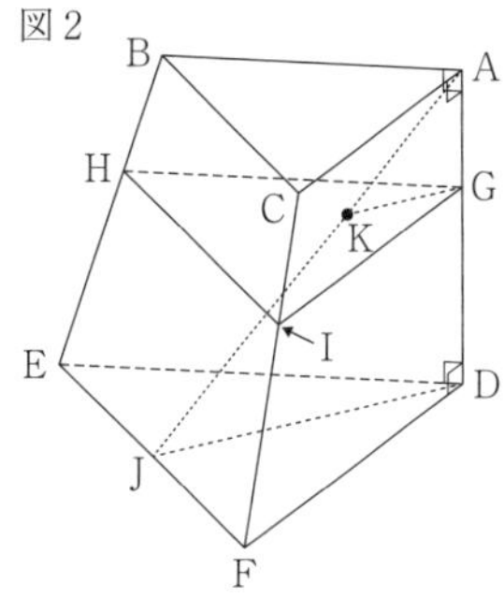

② 図3は，x = 1であるときの状態を示している。

図3において，立体HI—EFDの体積を求めなさい。(　　　　cm^3)

図3

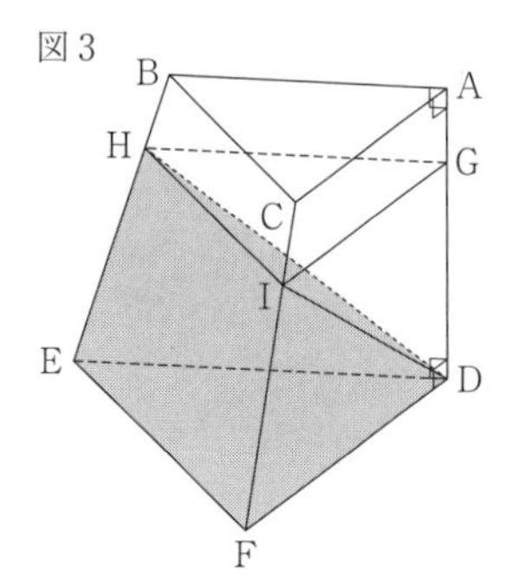

4　図のような，$AB = x$ cm，$AD = 3$ cm，$DH = (x + 3)$ cm の直方体 ABCD―EFGH がある。この直方体の体積を V cm^3，三角錐（すい）A―FHE の体積を V_1 cm^3，三角錐 D―EGH の体積を V_2 cm^3 とし，2つの三角錐の共通部分の立体を S とする。このとき，次の問いに答えなさい。　　**(清風高)**

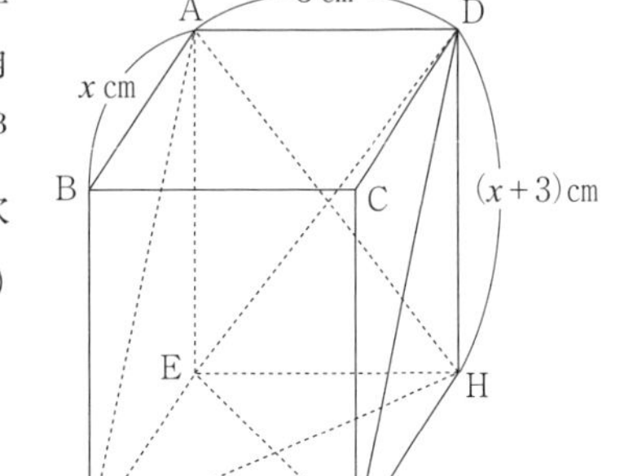

(1)　V_1 は V の何倍ですか。(　　　倍)

(2)　立体 S の体積を V_3 cm^3 とするとき，V_3 は V_2 の何倍ですか。(　　　倍)

(3)　$x = 3$ のとき，

(ア)　△AFH の辺と△DEG の辺の交点は2つある。その2つの交点を結ぶ線分の長さを求めなさい。(　　　cm)

(イ)　立体 S の表面積を求めなさい。(　　　cm^2)

(4)　立体 S の体積が 5 cm^3 のとき，x の値を求めなさい。(　　　)

5 右の図のように，1辺の長さが4cmの正方形を底面とし，AB = AC = AD = AE = 4cmの正四角すいABCDEがある。辺AB，AE，BCの中点をそれぞれF，G，Hとする。また，辺BC上にBI = 1cmとなる点I，辺ED上にEJ = 1cmとなる点Jをとる。このとき，次の(1)～(3)の問いに答えなさい。

（新潟県）

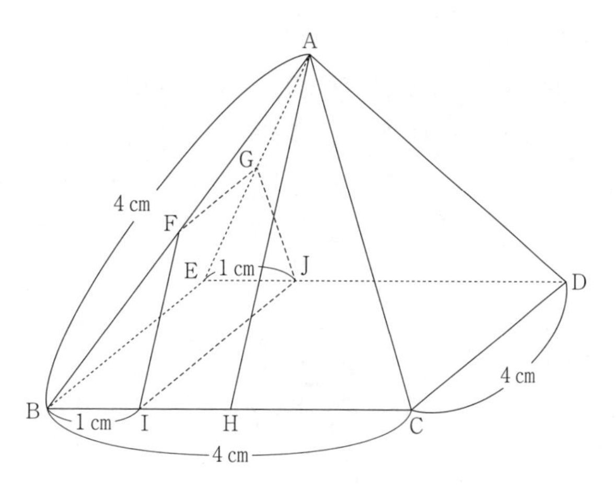

(1) 線分AHと線分FIの長さを，それぞれ答えなさい。

AH =（　　　cm）　FI =（　　　cm）

(2) 四角形FIJGについて，次の①，②の問いに答えなさい。

① 辺FGの長さを答えなさい。（　　　cm）

② この四角形の面積を求めなさい。（　　　cm^2）

(3) 立体FBI—GEJの体積を求めなさい。（　　　cm^3）

6　右の図のような，すべての辺の長さが4cmである正四角すいO―ABCDがある。辺OA，OB，OC，ODの中点をそれぞれE，F，G，Hとするとき，次の各問いに答えなさい。 （福岡工大附城東高）

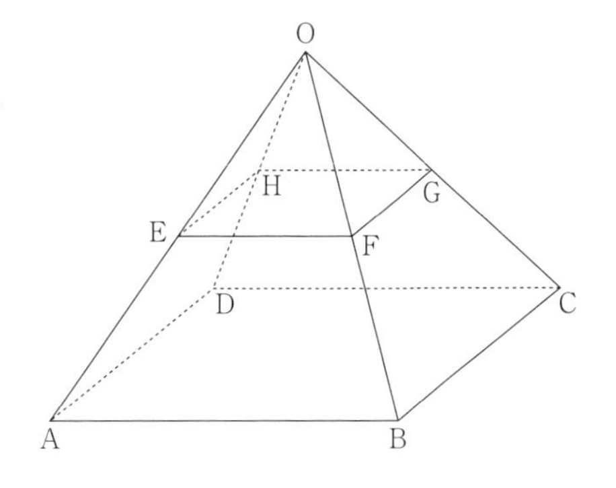

(1)　対角線ACの長さを求めなさい。（　　　cm）

(2)　対角線ACの中点をMとするとき，

①　∠OMAの大きさを求めなさい。（　　　）

②　線分OMの長さを求めなさい。（　　　cm）

(3)　正四角すいO―ABCDから，四角すいO―EFGHを除いた立体の体積を求めなさい。

（　　　cm^3）

(4)　(3)の立体を，4点C，D，E，Fを通る平面で切るとき，辺ABを含む方の立体の体積を求めなさい。（　　　cm^3）

7 図1のように，一辺の長さ6cmの正四面体OABCがあり，辺OA上に点P，辺OB上に点Q，辺OC上に点Rを，OP = 2cm，OQ = OR = 4cmとなるようにとります。このとき，次の問いに答えなさい。 (清教学園高)

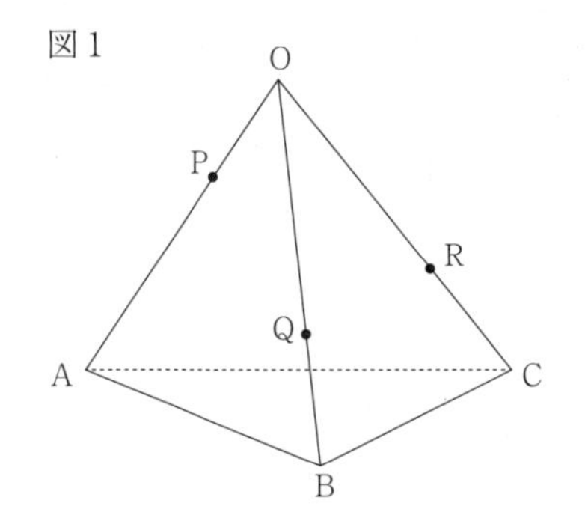

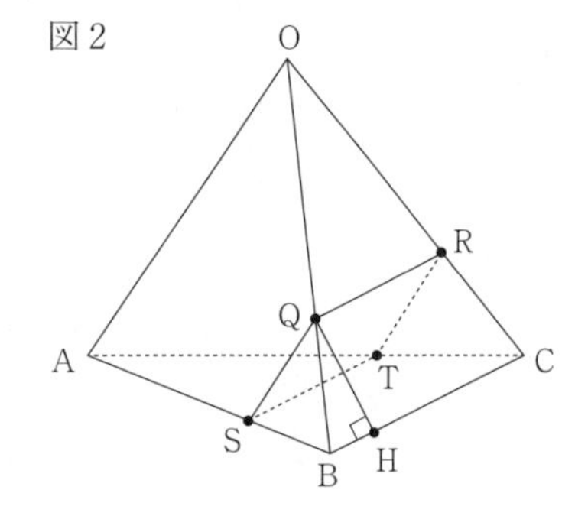

(1) 線分PQの長さを求めなさい。(　　　cm)

(2) △PQRの面積を求めなさい。(　　　cm^2)

(3) 図2のように，2点Q，Rを通り，辺OAに平行な平面が2辺AB，ACと交わる点をそれぞれS，Tとします。

① 点Qから辺BCに引いた垂線と辺BCとの交点をHとするとき，△HQSの面積を求めなさい。(　　　cm^2)

② 平面QRTSでこの正四面体を2つの立体に分けるとき，点Cを含む方の立体の体積を求めなさい。(　　　cm^3)

8　右の図1に示した立体ABC—DEFは，AB = BC = CA = 4cm，AD = 9cm，∠ABE = ∠CBE = 90°の正三角柱である。

辺DEの中点をMとする。

辺CF上にある点をP，辺AD上にある点をQとし，点Mと点Q，点Pと点Qをそれぞれ結ぶ。

次の各問いに答えなさい。　　　　　　　　　（東京都）

図1

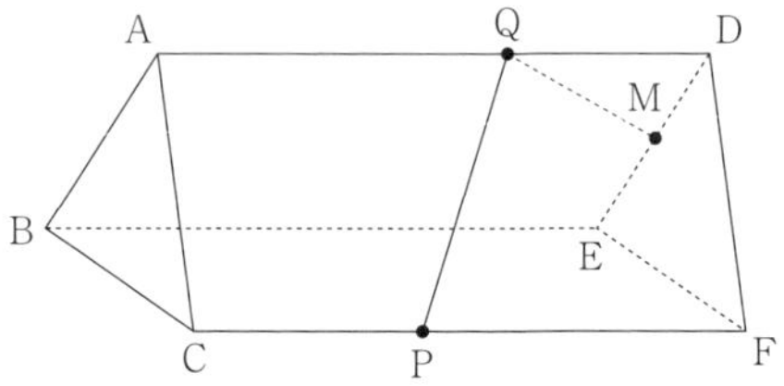

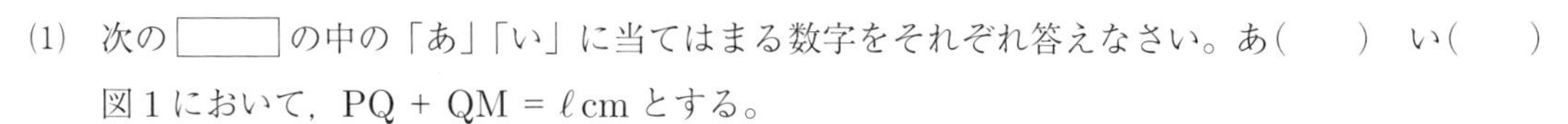

(1)　次の□の中の「あ」「い」に当てはまる数字をそれぞれ答えなさい。あ(　　)　い(　　)

図1において，PQ + QM = ℓ cmとする。

FP = 8cmのとき，ℓの値が最も小さくなる場合のℓの値は，あいである。

(2)　次の□の中の「う」「え」「お」に当てはまる数字をそれぞれ答えなさい。

う(　　)　え(　　)　お(　　)

右の図2は，図1において，点Pが頂点Cに一致するとき，辺DFの中点をNとし，頂点Bと点M，頂点Bと点Q，点Mと点N，点Nと点P，点Nと点Qをそれぞれ結んだ場合を表している。

DQ = 5cmのとき，立体Q—BPNMの体積は，うえ$\sqrt{\text{お}}$ cm^{3}である。

図2

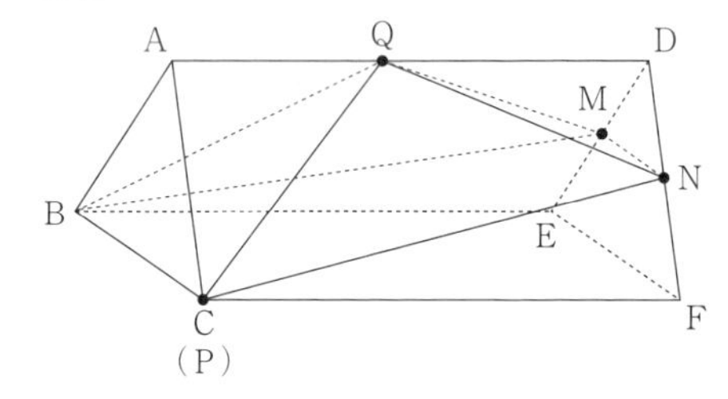

9 図１の正四角すいOABCDは，$OA = 6\sqrt{3}$ cm，$AB = 6$ cm である。図２は，この正四角すいの側面に，点Aから辺OBと辺OCを通って点Dまで，１本の糸を巻きつけたものである。糸と辺OB，OCとの交点をそれぞれP，Qとする。次の(1)～(3)の問いに答えなさい。

ただし，糸はそれぞれの側面でたるむことなく巻きつけられているものとする。 **(群馬県)**

図１

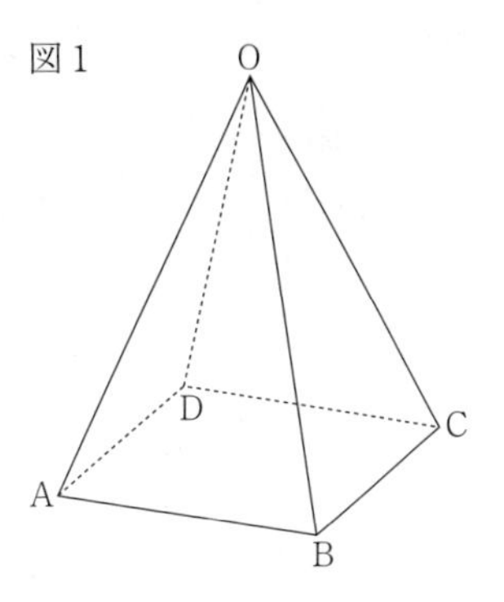

図２

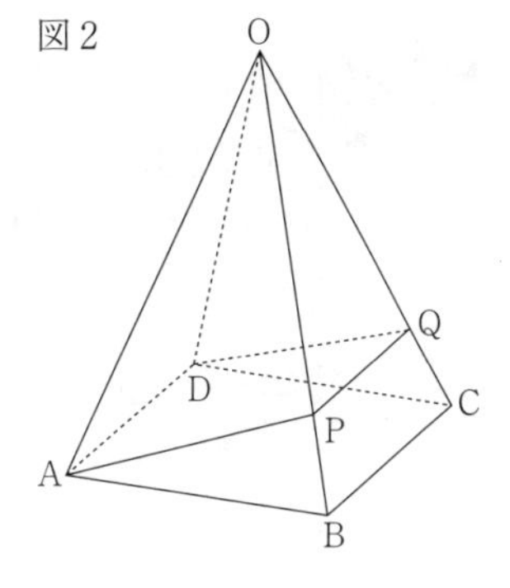

(1) P，Qがそれぞれ辺OB，OCの中点となるように糸を巻きつけたとき，PQの長さを求めなさい。(　　　cm)

(2) $AP \perp OB$，$DQ \perp OC$ となるように糸を巻きつけたとき，

① OPとPBの長さの比OP：PBを，最も簡単な整数比で表しなさい。(　　：　　)

② 巻きつけた糸のAからDまでの長さを求めなさい。

(　　　　　cm)

(3) AからDまでの糸の長さが最も短くなるように巻きつけたとき，巻きつけた糸のAからDまでの長さを求めなさい。(　　　cm)

10　右の図1に示した立体 ABCDEF—GHIJKL は，底面が1辺2cmの正六角形，高さが8cm，6つの側面が全て合同な長方形の正六角柱である。

辺 AG 上の点を M とする。

次の各問いに答えなさい。　（東京都立青山高）

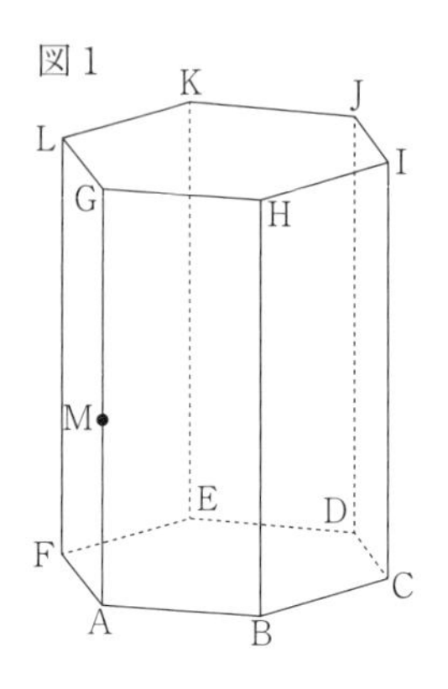

(1)　右の図2は，図1において，面 GHIJKL 上に点 P をとり，点 M が辺 AG の中点である場合を表している。

点 P と頂点 C，点 P と点 M をそれぞれ結び，PC + PM = ℓ cm とする。

ℓ の値が最も小さくなる場合の ℓ は何 cm か。（　　　cm）

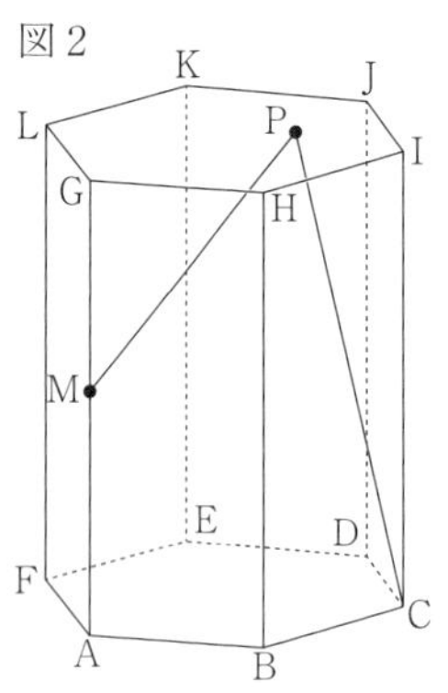

(2)　AM = 6cm のとき，次の(ア)，(イ)に答えなさい。

(ア)　右の図3は，図1において，辺 DJ 上に DN ≦ 6 となるように点 N をとり，頂点 C と点 M，頂点 C と点 N，点 M と点 N をそれぞれ結んだ場合を表している。

△CMN が MN = CN の二等辺三角形であるとき，△CMN の面積は何 cm^2 か。（　　　cm^2）

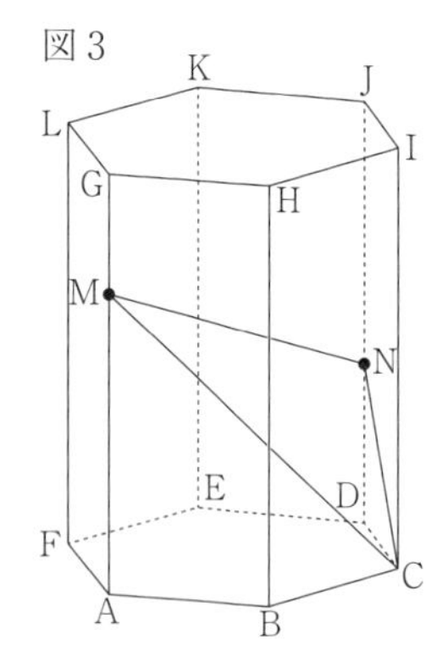

(イ)　右の図4は，図1において，頂点 C と点 M，頂点 A と頂点 I をそれぞれ結んだ場合を表している。

線分 CM と線分 AI の交点を Q とする。

点 Q と頂点 B，点 Q と頂点 D，点 Q と頂点 F，頂点 B と頂点 D，頂点 B と頂点 F，頂点 D と頂点 F をそれぞれ結んでできる立体 Q—BDF の体積は何 cm^3 か。（　　　cm^3）

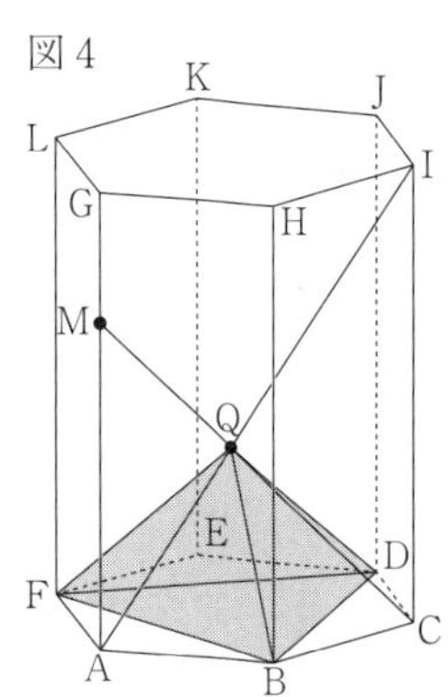

11 右の図1に示した立体ABCDEF—GHIJKLは，AB = 6 cm，AG = a cmの正六角柱である。

辺IJ上の点をM，辺EK上の点をNとし，頂点Aと頂点D，頂点Aと点M，頂点Aと点N，頂点Dと点M，頂点Dと点N，点Mと点Nをそれぞれ結ぶ。

次の各問いに答えなさい。 **(東京都立日比谷高)**

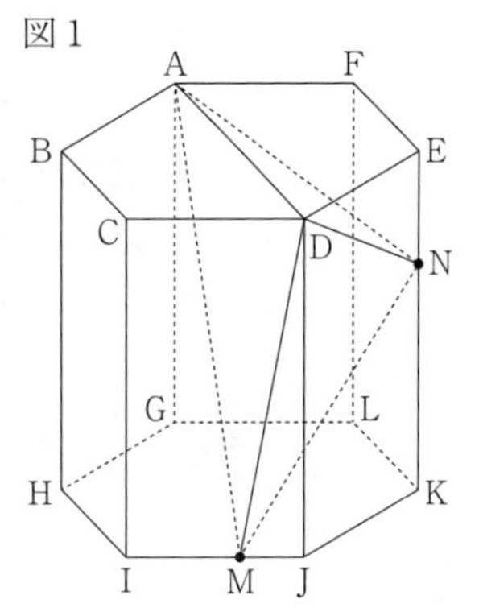
図1

(1) 立体ABCDEF—GHIJKLの表面積をaを用いた式で表しなさい。(　　　　　cm^2)

(2) $a = 9$，IM = 4 cm，EN = x cm $\left(0 < x < \dfrac{9}{2}\right)$とする。∠ANM = 90°のとき，$x$の値を求めなさい。(　　　)

(3) 右の図2は，図1において点Mが辺IJの中点で，点Nが頂点Kの位置にある場合を表している。

$a = 10$のとき，立体A—DMNの体積は何cm^{3}か。

(　　　　cm^3)

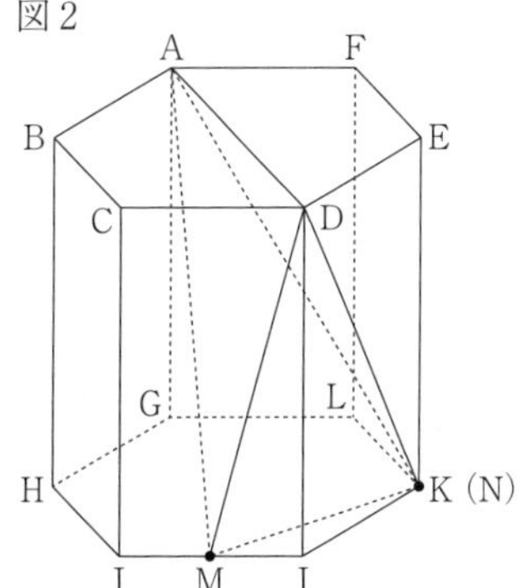
図2

12 右のような，ストローをさしたジュースの紙パックがある。図１は，この紙パックを参考にしてつくった，ジュース入りの直方体の容器とストローである。

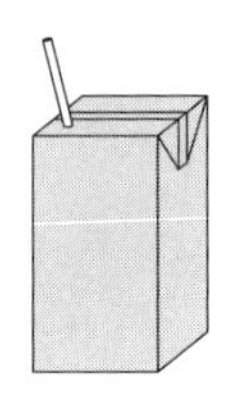

直方体の容器は，AB = 3 cm，BC = 4 cm，BF = 12cm であり，ストローは，点 P，Q を両端とする線分で，PQ = 15cm である。また，ストローをさす穴の位置は，線分 BD 上の点 W である。

このとき，下の(1)～(4)の問いに答えなさい。ただし，容器の面の厚さや変形，ストローの太さやストローをさす穴の大きさは考えないものとする。

（宮崎県）

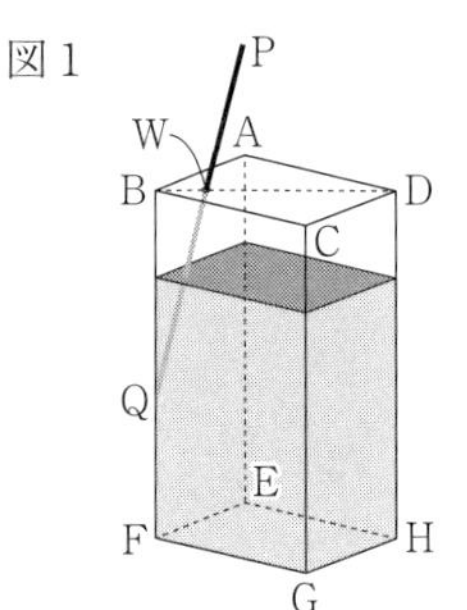

(1) 図１において，面 EFGH を底面としたとき，この容器の側面積を求めなさい。（　　　cm^2）

(2) 図１において，ストローの先端の点 Q は，辺 BF 上にある。QF = 5 cm，BW：WD = 1：4 のとき，ストローの一部 PW の長さを求めなさい。（　　　cm）

(3) 図２は，図１の容器の底面 EFGH が水平になるように机の上に置き，QF = 5 cm となるまでジュースを飲んだものである。この容器を，図３のように，辺 EH を机の面につけたまま，水面の長方形 JKLM の点 M が辺 DH の中点となるまで傾ける。

このとき，机の面から水面 JKLM までの高さを求めなさい。（　　　cm）

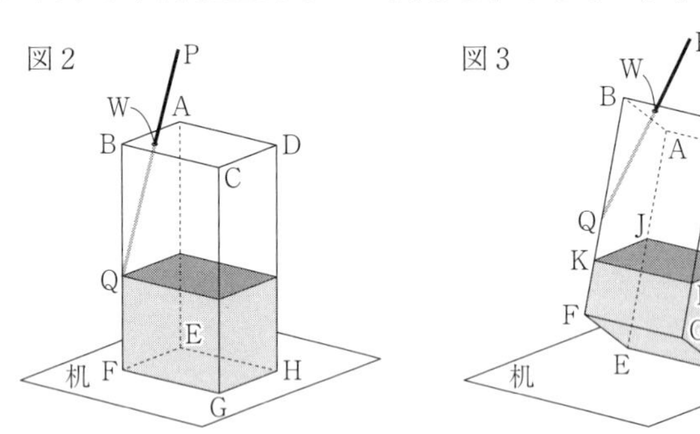

(4) 図４は，図３において，さらにジュースを飲んだ後，頂点 H だけを机の面につけたまま頂点 E を机の面からはなし，水面が五角形 NRSTU となるように傾けたものである。その五角形の頂点 N，R，S，T，U は，それぞれ辺 AE，EF，FG，GC，HD 上にある。

GS = 3 cm，GT = 2 cm，HU = 4 cm のとき，容器の中に残っているジュースの体積を求めなさい。（　　　cm^3）

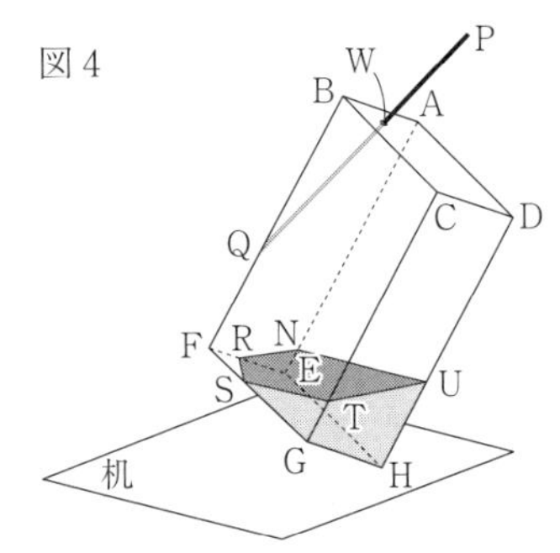

13 右の図1に示した立体C―APBは，AB ＝ 4 cm，BC ＝ 2 cm，∠CBA ＝∠CBP ＝ 90°の三角すいである。

ただし，点Pは2点A，Bを直径の両端とする半円の$\overset{\frown}{AB}$上にある点で，点Aと点Bのいずれにも一致しない。

次の各問いに答えなさい。 **(東京都立国立高)**

図1

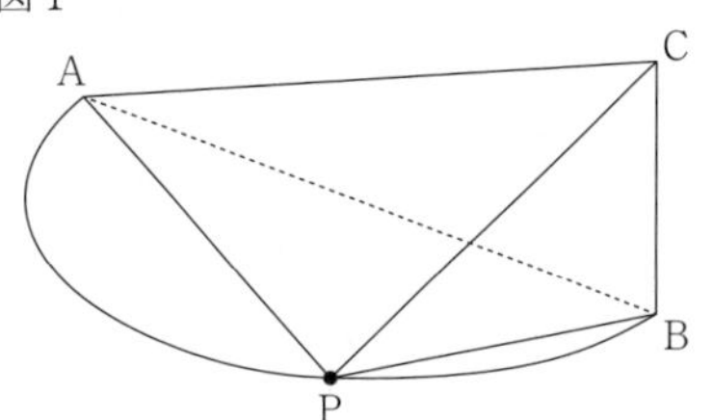

(1) △CPBの面積が△CABの面積の$\dfrac{1}{2}$となるとき，三角すいC―APBの体積は何cm^3か。(　　　cm^3)

(2) 点Bから平面CAPに垂直な直線を引き，その交点をHとした場合を考える。
三角すいC―APBの体積が最も大きくなるとき，線分BHの長さは何cmか。(　　　cm)

(3) 右の図2は，図1において，$\overset{\frown}{AP}:\overset{\frown}{PB}=2:1$，$\overset{\frown}{AP}$上にあり$\overset{\frown}{AQ}:\overset{\frown}{QP}=1:1$である点をQ，辺BCの中点をMとし，点Qと点Mを結び，線分QMと平面CAPの交点をRとした場合を表している。

点Rと点A，点Rと点P，点Rと点Bをそれぞれ結んでできる三角すいR―APBの体積は何cm^3か。(　　　cm^3)

図2

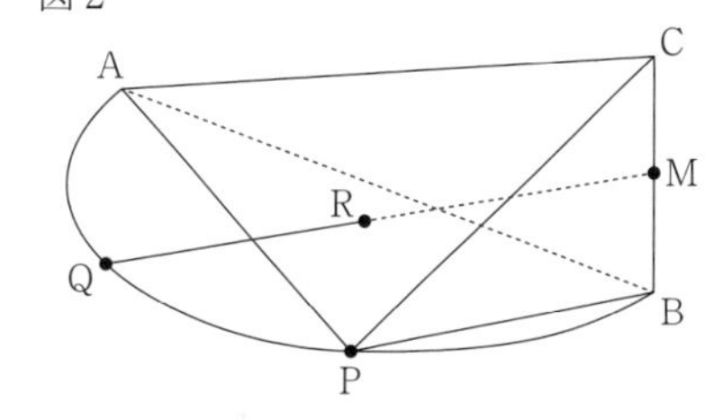

大阪府公立高入試

数学B・C問題

解説・解答

英俊社

平面図形

■テーマ別基本演習（p.4～）

テーマ1　相似／平行線と線分比

1 ∠ABC＝∠DAC，∠ACB＝∠DCAより，2組の角がそれぞれ等しいので，△ABC∽△DAC　よって，AB：DA＝AC：DCより，12：10＝15：xだから，$12x=150$　したがって，$x=\frac{25}{2}$

答 $\frac{25}{2}$

2 AB∥DCだから，BE：DE＝AB：CD＝6：8＝3：4　△BCDで，EF∥DCだから，EF：DC＝BE：BD　よって，EF：8＝3：(3＋4)より，7EF＝24だから，EF＝$\frac{24}{7}$(cm)

答 $\frac{24}{7}$(cm)

3 中点連結定理より，MN＝$\frac{1}{2}$BC＝6　さらに，MN∥BCなので，BE：MN＝BD：MD＝1：2で，BE＝$\frac{1}{2}$MN＝3　よって，x＝BC－BE＝12－3＝9

答 9

4 (1) △ABDと△DCFにおいて，∠ABD＝∠DCF＝60°　また，∠BAD＋∠ADB＝180°－60°＝120°，∠ADB＋∠CDF＝180°－60°＝120°より，∠BAD＝∠CDF　よって，△ABD∽△DCFだから，AB：DC＝BD：CFが成り立つ。DC＝10－4＝6(cm)より，10：6＝4：CF　よって，CF＝$\frac{12}{5}$(cm)

(2) △DCFと△AEFについて，∠DFC＝∠AFE，∠DCF＝∠AEF＝60°より，△DCF∽△AEFであり，△ABD∽△AEFもいえるから，AE：EF＝10：4＝5：2　△ADEは正三角形だから，DE＝AE　よって，DF：FE＝(5－2)：2＝3：2

答 (1) $\frac{12}{5}$(cm)　(2) 3：2

テーマ2　平行線と面積・面積比

1 AB∥CDより，△ADE＝△ACE　AC∥EFより，△ACF＝△ACE　AD∥BCより，△CDF＝△ACFだから，△CDF＝△ACE

答 △ADE，△ACF，△CDF

2 CE:ED＝1:2より，DE＝$6\times\frac{2}{1+2}$＝4(cm)　AB∥DCより，AF:FE＝AB:DE＝6:4＝3:2となるので，△ABE:△BEF＝AE：FE＝(3＋2)：2＝5：2　よって，△BEF＝$\frac{2}{5}$△ABE＝$\frac{2}{5}\times\left(\frac{1}{2}\times6\times10\right)$＝12(cm^2)

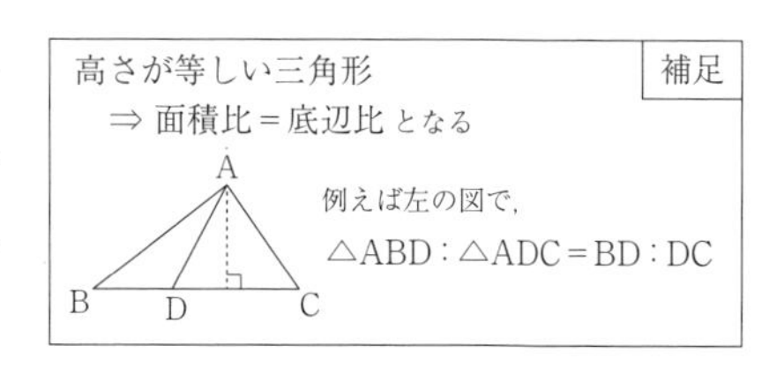

答 12(cm^2)

③ AD ∥ BF より，△EFC ∽△EAD で，相似比は 1：2 だから，面積比は，$1^2:2^2=1:4$　よって，$\triangle EFC=\dfrac{1}{4}\triangle EAD$　また，AB ∥ DC より，△ABG ∽△EDG で，相似比は，AB：ED＝(1＋2)：2＝3：2 だから，AG：EG＝3：2　よって，△EAD：△EDG＝AE：EG＝(3＋2)：2＝5：2 だから，$\triangle EDG=\dfrac{2}{5}\triangle EAD$

したがって，$\triangle EDG:\triangle EFC=\dfrac{2}{5}\triangle EAD:\dfrac{1}{4}\triangle EAD=8:5$

答 8：5

テーマ3 円周角の定理

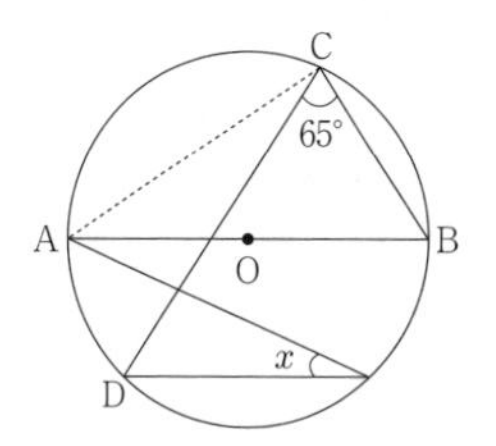

① 右図において，直径の円周角なので，∠ACB＝90° より，∠ACD＝90°－65°＝25°
$\overset{\frown}{AD}$の円周角より，∠x＝∠ACD＝25°

 25°

② △ACE の内角と外角の関係より，∠ACB＝x＋30°　$\overset{\frown}{CD}$の円周角より，∠CBF＝∠CAD＝x　よって，△BCF の内角と外角の関係より，(x＋30°)＋x＝70° が成り立つ。これを解くと，x＝20°

答 20°

③ $\overset{\frown}{AB}$に対する円周角と中心角の関係より，∠AOB＝2∠APB＝2×75°＝150°　弧の長さと，それに対する中心角の大きさは比例するから，円 O の周の長さは，$4\pi\times\dfrac{360}{150}=\dfrac{48}{5}\pi$ (cm)

答 $\dfrac{48}{5}\pi$ (cm)

④ ∠BAC＝∠BDC なので，円周角の定理の逆より，4 点 A，B，C，D は 1 つの円周上にある。このとき，$\overset{\frown}{CD}$に対する円周角より，∠DBC＝∠DAC＝34° になるので，△DBC の内角より，∠BCD＝180°－(63°＋34°)＝83°

答 83°

テーマ4 三平方の定理

① △ABD において，三平方の定理より，$BD=\sqrt{AB^2+AD^2}=\sqrt{2^2+3^2}=\sqrt{13}$　△BCD において，三平方の定理より，$CD=\sqrt{BC^2-BD^2}=\sqrt{4^2-(\sqrt{13})^2}=\sqrt{3}$

答 $\sqrt{3}$

② △ABD は直角二等辺三角形なので，$AD=BD=\dfrac{AB}{\sqrt{2}}=5$　また，△CBD は 30°，60° の角をもつ直角三角形なので，BC＝2BD＝10　$DC=\sqrt{3}BD=5\sqrt{3}$ なので，$AC=AD+DC=5+5\sqrt{3}$

答 (BC＝) 10　(AC＝) $5+5\sqrt{3}$

③ 三平方の定理より，$(2x+1)^2=3^2+(2x)^2$　展開して，$4x^2+4x+1=9+4x^2$ より，$4x=8$　よって，$x=2$

答 2

4 右図のように，A から BC に下ろした垂線と BC との交点を H とする。△ABH と△ACH は AH を共有する直角三角形だから，三平方の定理より，($AH^2 =$) $AB^2 - BH^2 = AC^2 - CH^2$ が成り立つ。DH $= y$ とすると，$5^2 - (5 - y)^2 = (2\sqrt{13})^2 - (4 + y)^2$　これを解くと，$y = 2$ なので，AH $= \sqrt{5^2 - (5 - 2)^2} = \sqrt{25 - 9} = 4$　よって，△ADH において，$x = \sqrt{4^2 + 2^2} = \sqrt{20} = 2\sqrt{5}$

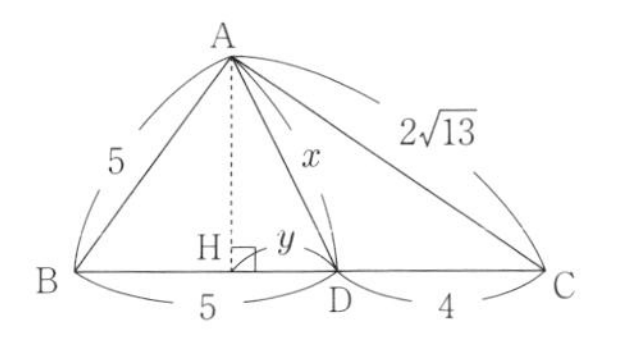

答 $2\sqrt{5}$

テーマ5　証明

1 **答** △ABC ∽△CDE より，対応する角は等しいから，∠ACB ＝∠CED
よって，同位角が等しいから，BC ∥ DE となる。
△BCP と△EDP において，平行線の錯角は等しいから，
∠BCP ＝∠EDP……①　∠CBP ＝∠DEP……②
①，②より，2 組の角がそれぞれ等しいから，△BCP ∽△EDP

2 **答** △ADC と△ACE において，共通だから，∠DAC ＝∠CAE……①
$\overset{\frown}{AC}$に対する円周角だから，∠ABC ＝∠ADC……②
△ABC は，AB ＝ AC の二等辺三角形だから，∠ABC ＝∠ACE……③
②，③より，∠ADC ＝∠ACE……④
①，④より，2 組の角がそれぞれ等しいから，△ADC ∽△ACE

3 **答** △ABD と△GEC において，仮定から，BD ＝ EC……①
仮定より，平行線の同位角は等しいから，∠ABD ＝∠GEC……②
AB ∥ FE だから，AB：FE ＝ CB：CE ＝ 3：1　よって，AB ＝ 3FE……③
仮定から，GE ＝ 3FE……④　③，④より，AB ＝ GE……⑤
①，②，⑤より，2 組の辺とその間の角がそれぞれ等しいから，△ABD ≡△GEC
したがって，AD ＝ GC……⑥
また，∠BDA ＝∠ECG より，同位角が等しいから，AD ∥ GC……⑦
⑥，⑦より，1 組の対辺が平行でその長さが等しいから，四角形 ADCG は平行四辺形である。

■実戦問題演習Ⅰ (p.9～)

1 (1) 四角形ABCDは平行四辺形なので，$\angle A=\angle C=x°$　△ABEは二等辺三角形なので，$\angle AEB=(180°-x°)\div 2=90°-\dfrac{x°}{2}$　AD∥BCより，錯角が等しいから，$\angle CBE=\angle AEB=90°-\dfrac{x°}{2}$

(2) △DAC，△ECBは正三角形だから，$\angle ACD=\angle DCE=\angle ECB=60°$　AC = DC，CE = CB，$\angle ACE=\angle DCB=60°\times 2=120°$より，$\triangle ACE\equiv\triangle DCB$となり，$\angle BDC=\angle EAC=a°$　△DCBの内角の和より，$\angle DBC=180°-a°-120°=60°-a°$

(3) 右図のように，AB，CDは円の直径だから，この2つの線分の交点をOとすると，Oは円の中心である。$\overset{\frown}{AC}$に対する円周角と中心角だから，$\angle AOF=2a°$　AB∥CEより，$\angle FAO=a°$　よって，△AFOで，$\angle DFE=\angle AOF+\angle FAO=2a°+a°=3a°$

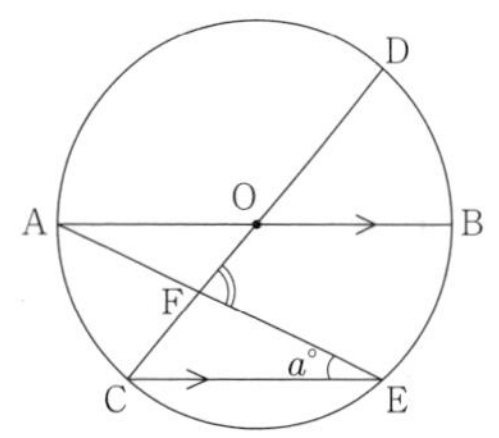

(4) $(a+8)^2-a^2=a^2+16a+64-a^2=16a+64$

(5) $b=\dfrac{2S}{a}$とすると，$2S=ab$だから，$S=\dfrac{1}{2}ab$　よって，bは，辺BCを底辺としたときの高さになる。

 (1) $90-\dfrac{x}{2}$(度)　(2) $60-a$(度)　(3) $3a$(度)　(4) $16a+64$　(5) 辺BCを底辺としたときの高さ

2 (1) 円周角の定理より，$\angle QOC=2\angle PBC=2a°$なので，$\overset{\frown}{CQ}=12\pi\times\dfrac{2a}{360}=\dfrac{1}{15}\pi a$ (cm)

(2) ② $AP=AD\times\dfrac{1}{1+3}=12\times\dfrac{1}{4}=3$ (cm)　△ABPで三平方の定理より，$PB=\sqrt{6^2+3^2}=3\sqrt{5}$ (cm)だから，PQ = x cmとすると，$QB=3\sqrt{5}-x$ (cm)　①より，AP：QB = PB：BCが成り立つから，$3:(3\sqrt{5}-x)=3\sqrt{5}:12$　比例式の性質より，$3\sqrt{5}(3\sqrt{5}-x)=3\times 12$となり，両辺を3で割って展開すると，$15-\sqrt{5}x=12$　よって，$\sqrt{5}x=3$だから，$x=\dfrac{3}{\sqrt{5}}=\dfrac{3\sqrt{5}}{5}$

答 (1) エ

(2) ① △ABPと△QCBにおいて，四角形ABCDは長方形だから，$\angle PAB=90°$
半円の弧に対する円周角は直角だから，$\angle BQC=90°$　よって，$\angle PAB=\angle BQC$……(ア)
長方形の対辺は平行だから，AD∥BC　平行線の錯角は等しいから，$\angle APB=\angle QBC$……(イ)
(ア)，(イ)より，2組の角がそれぞれ等しいから，$\triangle ABP\backsim\triangle QCB$

② あ．3　い．5　う．5

3 (2) (ア) 折り返しているので，DE ＝ DC ＝ AB ＝ 3 cm，BE ＝ BC ＝ 4 cm　∠BED ＝ 90° なので，△BDE において三平方の定理より，$BD = \sqrt{DE^2 + BE^2} = \sqrt{3^2 + 4^2} = 5$ (cm)　△ABG ∽ △BDE より，AB：BG ＝ BD：DE となるから，3：BG ＝ 5：3　よって，5 × BG ＝ 3 × 3 より，$BG = \frac{9}{5}$ (cm)

(イ) △BHG と△BDE において，∠HBG ＝∠DBE，∠BGH ＝∠BED ＝ 90° より，△BHG ∽△BDE　よって，BG：HG ＝ BE：DE より，$\frac{9}{5}$：HG ＝ 4：3 だから，$4 \times HG = \frac{9}{5} \times 3$　したがって，$HG = \frac{27}{20}$ (cm)

また，△ABG ∽△BDE より，AB：AG ＝ BD：BE となるから，3：AG ＝ 5：4 より，$AG = \frac{12}{5}$ (cm)

以上より，$AH = AG - HG = \frac{12}{5} - \frac{27}{20} = \frac{21}{20}$ (cm)

答 (1) △ABG と△BDE で，仮定より，∠AGB ＝∠BED ＝ 90°……①

AB ∥ DC より，平行線の錯角は等しいから，∠ABG ＝∠BDC……②

線分 BD は折り目だから，∠BDE ＝∠BDC……③

②，③より，∠ABG ＝∠BDE……④

①，④より，2 組の角がそれぞれ等しいから，△ABG ∽△BDE

(2) (ア) $\frac{9}{5}$ (cm)　(イ) $\frac{21}{20}$ (cm)

4 (1) $\frac{1}{2} \times (2 + 8) \times 8 = 40$ (cm²)

(3) (2)より，BE：CE ＝ BF：CD だから，2：(8 − 2) ＝ BF：8　よって，$BF = \frac{2 \times 8}{6} = \frac{8}{3}$ (cm)

(4) $AF = 8 + \frac{8}{3} = \frac{32}{3}$ (cm)　また，∠EFB ＝∠PFQ ＝∠DFA，∠EBF ＝∠PQF ＝∠DAF より，△EBF ∽△PQF ∽△DAF　ここで，△CDE で三平方の定理より，$DE = \sqrt{8^2 + 6^2} = 10$ (cm)だから，QE ＝ 10 − 8 ＝ 2 (cm)　また，△EBF で，$EF = \sqrt{2^2 + \left(\frac{8}{3}\right)^2} = \frac{10}{3}$ (cm)　よって，$QF = QE + EF = 2 + \frac{10}{3} = \frac{16}{3}$ (cm)だから，$BF : QF : AF = \frac{8}{3} : \frac{16}{3} : \frac{32}{3} = 1 : 2 : 4$　したがって，△EBF：△PQF：△DAF ＝ $1^2 : 2^2 : 4^2 = 1 : 4 : 16$ だから，四角形 APQD：四角形 BEQP ＝ (△DAF −△PQF)：(△PQF − EBF) ＝ (16 − 4)：(4 − 1) ＝ 12：3 ＝ 4：1

答 (1) 40 (cm²)

(2) △BFE と△CDE において，∠FBE ＝∠DCE ＝ 90°……①

平行線の錯角より，∠EFB ＝∠EDC……②

①，②より，2 組の角がそれぞれ等しいので，△BFE ∽△CDE

(3) $\frac{8}{3}$ (cm)　(4) 4：1

5 (1) ACは正方形の対角線なので，△ABCはAB ＝ ACの直角二等辺三角形。
よって，$AC = \sqrt{2}AB = \sqrt{2} \times 5 = 5\sqrt{2}$ (cm)

(3) ① 右図のように，点EからABに垂線EHを引くと，△AEHは30°，60°の角をもつ直角三角形なので，$EH = \frac{1}{2}AE = \frac{1}{2} \times 3 = \frac{3}{2}$ (cm)　よって，
$\triangle ABE = \frac{1}{2} \times AB \times EH = \frac{1}{2} \times 5 \times \frac{3}{2} = \frac{15}{4}$ (cm^2)

② 四角形BCFE ＝△AFC ＋△ABC －(△AEF ＋△ABE)　△ABE∽△ACFで，相似比は$1 : \sqrt{2}$なので，面積比は，△ABE : △ACF ＝ $1^2 : (\sqrt{2})^2 = 1 : 2$　よって，$\triangle ACF = \frac{15}{4} \times 2 = \frac{15}{2}$ (cm^2)　また，$\triangle ABC = \frac{1}{2} \times 5 \times 5 = \frac{25}{2}$ (cm^2)，$\triangle AEF = \frac{1}{2} \times 3 \times 3 = \frac{9}{2}$ (cm^2)　したがって，四角形BCFE ＝ $\frac{15}{2} + \frac{25}{2} - \left(\frac{9}{2} + \frac{15}{4}\right) = \frac{47}{4}$ (cm^2)

答 (1) $5\sqrt{2}$ (cm)

(2) △ABEと△ACFにおいて，四角形ABCD，AEFGは正方形だから，
AB : AC ＝ $1 : \sqrt{2}$，AE : AF ＝ $1 : \sqrt{2}$　よって，AB : AC ＝ AE : AF……(ア)
また，∠BAE ＝∠BAC －∠EAC，∠CAF ＝∠EAF －∠EACで，
∠BAC ＝∠EAF ＝ 45°だから，∠BAE ＝∠CAF……(イ)
(ア)，(イ)より，2組の辺の比とその間の角がそれぞれ等しいので，△ABE∽△ACF

(3) ① $\frac{15}{4}$ (cm^2)　② $\frac{47}{4}$ (cm^2)

6 (2) (ア) △ADCで三平方の定理より，$AC = \sqrt{AD^2 + DC^2} = \sqrt{4^2 + 3^2} = 5$ (cm)　△ADCと△DECは，∠ADC ＝∠DEC ＝ 90°，∠ACD ＝∠DCEより，2組の角がそれぞれ等しいので，△ADC∽△DEC　よって，EC : DC ＝ DC : AC ＝ 3 : 5より，$EC = \frac{3}{5}DC = \frac{9}{5}$ (cm)

(イ) △ABDで，$AB = \sqrt{AD^2 + BD^2} = \sqrt{4^2 + 2^2} = 2\sqrt{5}$ (cm)　△ABCと△AEFで，∠BAC ＝∠EAF，∠ABC ＝∠AEFより，2組の角がそれぞれ等しいので，△ABC∽△AEF　また，$AE = AC - EC = 5 - \frac{9}{5} = \frac{16}{5}$ (cm)　よって，AF : AE ＝ AC : AB ＝ $5 : 2\sqrt{5}$より，$AF = \frac{5}{2\sqrt{5}}AE = \frac{8\sqrt{5}}{5}$ (cm)

(ウ) △ADC∽△DECより，DE : DC ＝ AD : AC ＝ 4 : 5だから，$DE = \frac{4}{5}DC = \frac{12}{5}$ (cm)　△AGF∽△EGDより，$\triangle AGF : \triangle EGD = AF^2 : ED^2 = \left(\frac{8\sqrt{5}}{5}\right)^2 : \left(\frac{12}{5}\right)^2 = 20 : 9$

答 (1) △AGFと△EGDにおいて，対頂角より，∠AGF ＝∠EGD……①
△ABDで，∠FAG ＝∠BAD ＝ 180° －∠ABD － 90° ＝ 90° －∠ABD
また，∠DEG ＝ 180° －∠AEF － 90° ＝ 90° －∠AEF
仮定より，∠ABD ＝∠AEFだから，∠FAG ＝∠DEG……②
①，②より，2組の角がそれぞれ等しいので，△AGF∽△EGD

(2) (ア) $\frac{9}{5}$ (cm)　(イ) $\frac{8\sqrt{5}}{5}$ (cm)　(ウ) 20 : 9

7 (1)(ア) △ABCは，$\angle ACB = 60^\circ$，BC：AC＝2：4＝1：2より，$\angle ABC = 90^\circ$，$\angle BAC = 30^\circ$の直角三角形。また，AB∥DCより，$\angle ACD = \angle BAC = 30^\circ$　△ACDはAC＝AD＝4cmの二等辺三角形なので，$\angle CAD = 180^\circ - 30^\circ \times 2 = 120^\circ$　よって，$\angle BAD = \angle BAC + \angle CAD = 30^\circ + 120^\circ = 150^\circ$

(イ) △ACDで，点Aから辺CDに垂線AHをひくと，△ACHは30°，60°の直角三角形となる。したがって，$CH = \frac{\sqrt{3}}{2}AC = 2\sqrt{3}$ (cm)だから，$CD = 2CH = 4\sqrt{3}$ (cm)　△BCDは，$\angle BCD = \angle ACB + \angle ACD = 60^\circ + 30^\circ = 90^\circ$の直角三角形だから，三平方の定理より，$BD = \sqrt{2^2 + (4\sqrt{3})^2} = 2\sqrt{13}$ (cm)

(2)(イ) △ABCと△FBCは，辺BCが共通，$\angle ABC = \angle FBC = 90^\circ$　また，$\angle FCB = 180^\circ - 60^\circ \times 2 = 60^\circ$より，$\angle ACB = \angle FCB = 60^\circ$　よって，1組の辺とその両端の角がそれぞれ等しいので，△ABC≡△FBC　また，△ABCは1辺が4cmの正三角形を2等分したものだから，△ABCの面積をSとすると，△ACD＝2Sと表される。よって，△ACF：四角形ABCD＝(△ABC＋△FBC)：(△ABC＋△ACD)＝(S＋S)：(S＋2S)＝2S：3S＝2：3

答 (1)(ア) 150°　(イ) $2\sqrt{13}$ (cm)

(2)(ア)　△ECBと△EADにおいて，

仮定から，AD＝AC＝4cmなので，△ACDは二等辺三角形である。

よって，$\angle ACD = \angle ADC = 60^\circ$だから，$\angle EAD = 180^\circ - (60^\circ + 60^\circ) = 60^\circ$……①

また，$\angle ECB = 60^\circ$……②　①，②より，$\angle ECB = \angle EAD$……③

対頂角は等しいので，$\angle BEC = \angle DEA$……④

③，④より，2組の角がそれぞれ等しいので，△ECB∽△EAD

(イ) 2：3

8 (2)(ア) △ABDは直角三角形なので，三平方の定理より，$BD = \sqrt{(2\sqrt{2})^2 + 2^2} = 2\sqrt{3}$ (cm)　よって，円Oの半径は，$2\sqrt{3} \div 2 = \sqrt{3}$ (cm)　また，△ADFも直角三角形なので，$AF = \sqrt{1^2 + (2\sqrt{2})^2} = 3$ (cm)で，△ADF∽△BEDから，AF：FD＝BD：DEより，$3 : 1 = 2\sqrt{3} : DE$　よって，$3 \times DE = 2\sqrt{3}$より，$DE = \frac{2\sqrt{3}}{3}$ (cm)

(イ) ACは直径なので，$\angle CEF = \angle AEC = 90^\circ$　また，CF＝1＋2＝3 (cm)　△ADFと△CEFは，$\angle ADF = \angle CEF = 90^\circ$，$\overset{\frown}{DE}$に対する円周角から，$\angle DAF = \angle ECF$，AF＝CF＝3cmなので，△ADF≡△CEF　よって，$CE = AD = 2\sqrt{2}$cm　点Eから辺BCに垂線をひき，交点をHとすると，$\angle EHC = \angle CEF = 90^\circ$で，EH∥FCから，$\angle CEH = \angle FCE$なので，△EHC∽△CEF　よって，EH：EC＝CE：CFより，$EH : 2\sqrt{2} = 2\sqrt{2} : 3$なので，$EH = \frac{8}{3}$ (cm)　したがって，$\triangle BCE = \frac{1}{2} \times 2\sqrt{2} \times \frac{8}{3} = \frac{8\sqrt{2}}{3}$ (cm^2)

答 (1) △ADFと△BEDで，$\overset{\frown}{DE}$に対する円周角より，$\angle DAF = \angle EBD$……①

四角形ABCDは長方形であり，∠ADFは頂点Dにおける外角だから，$\angle ADF = 90^\circ$……②

$\overset{\frown}{BD}$に対する円周角で，四角形ABCDは長方形だから，$\angle BED = \angle BAD = 90^\circ$……③

②，③から，$\angle ADF = \angle BED$……④

①，④から，2組の角がそれぞれ等しいので，△ADF∽△BED

(2)(ア) (円Oの半径) $\sqrt{3}$ (cm)　(DE＝) $\frac{2\sqrt{3}}{3}$ (cm)　(イ) $\frac{8\sqrt{2}}{3}$ (cm^2)

9 (1) △OABが直角二等辺三角形だから，$\angle ABE = \angle ABO = 45°$

(3) $\angle ABD = \angle ACB = 45°$，$\angle BAD = \angle CAB$（共通）だから，$\triangle ADB \backsim \triangle ABC$もいえる。

(4) $OD = 4 - 1 = 3$ (cm)だから，△AODで三平方の定理より，$AD = \sqrt{4^2 + 3^2} = \sqrt{25} = 5$ (cm)　また，$AB = \sqrt{2}BO = 4\sqrt{2}$ (cm)　$\triangle ABC \backsim \triangle ADB$より，$AB : AD = BC : DB$だから，$4\sqrt{2} : 5 = BC : (4 + 3)$　よって，$BC = \dfrac{4\sqrt{2} \times 7}{5} = \dfrac{28\sqrt{2}}{5}$ (cm)

(5) $\overset{\frown}{BC} = \dfrac{1}{4}\overset{\frown}{BE}$となるから，$\overset{\frown}{BC}$は円周の$\dfrac{1}{8}$となる。これより，OとCを結ぶと，$\angle BOC = 360° \times \dfrac{1}{8} = 45°$だから，$\angle BOC = \angle ABO = 45°$　錯角が等しいから，$AB /\!/ OC$　よって，$\triangle ABC = \triangle AOB = \dfrac{1}{2} \times 4 \times 4 = 8$ (cm^2)

答 (1) 45°

(2) △ABCと△EDCにおいて，$\overset{\frown}{BC}$に対する円周角だから，$\angle BAC = \angle DEC$……①

$\overset{\frown}{AB}$に対する円周角と中心角の関係より，$\angle ACB = \dfrac{1}{2}\angle AOB = \dfrac{1}{2} \times 90° = 45°$……②

同様に，$\overset{\frown}{AE}$について，$\angle ECD = \dfrac{1}{2}\angle EOA = \dfrac{1}{2} \times 90° = 45°$……③

②，③より，$\angle ACB = \angle ECD$……④

①，④より，2組の角がそれぞれ等しいから，$\triangle ABC \backsim \triangle EDC$

(3)（△）ADB　(4) $\dfrac{28\sqrt{2}}{5}$ (cm)　(5) 8 (cm^2)

10 (1) 対頂角より，$\angle DFH = \angle CFE = 55°$　$\angle DHF = 180° - 40° - 55° = 85°$　よって，$\angle BHE = 180° - 85° = 95°$

(3) BEは直径なので，$\angle BAE = 90°$　$\angle BEA = t$とすると，$\triangle AHB \backsim \triangle FGE$より，$\angle ABH = t$　また，$AB /\!/ CD$から，錯角は等しいので，$\angle HDF = \angle ABH = t$　△BDGは，$BG = DG = 4$ cmの二等辺三角形なので，$\angle GBD = \angle HDF = t$　よって，△ABEにおいて，$90° + t + t + t = 180°$なので，$3t = 90°$より，$t = 30°$　したがって，△AEBは30°，60°の直角三角形なので，$BE = 4 \times 2 = 8$ (cm)より，$AB = \dfrac{1}{2}BE = 4$ (cm)，$AE = \sqrt{3}AB = 4\sqrt{3}$ (cm)　△FEGも同様なので，$FG = \dfrac{1}{2}GE = 2$ (cm)，$FE = \sqrt{3}FG = 2\sqrt{3}$ (cm)となり，$AF = AE - FE = 2\sqrt{3}$ (cm)　また，△AHBも同様なので，$AH = \dfrac{1}{\sqrt{3}}AB = \dfrac{4\sqrt{3}}{3}$ (cm)　四角形BHFGの面積は，台形AFGBから△AHBをひけばよいので，$\dfrac{1}{2} \times (2 + 4) \times 2\sqrt{3} - \dfrac{1}{2} \times 4 \times \dfrac{4\sqrt{3}}{3} = 6\sqrt{3} - \dfrac{8\sqrt{3}}{3} = \dfrac{10\sqrt{3}}{3}$ (cm^2)

答 (1) 95°

(2) △AHBと△FGEにおいて，$AB /\!/ DC$で，同位角は等しいから，$\angle BAH = \angle EFG$……①

$\overset{\frown}{AB} = \overset{\frown}{BC}$で，対応する円周角は等しいから，$\angle FEG = \angle BDC$……②

$AB /\!/ DC$で，錯角は等しいから，$\angle ABH = \angle BDC$……③

②，③より，$\angle ABH = \angle FEG$……④

①，④より，2組の角がそれぞれ等しいので，$\triangle AHB \backsim \triangle FGE$

(3) $\dfrac{10\sqrt{3}}{3}$ (cm^2)

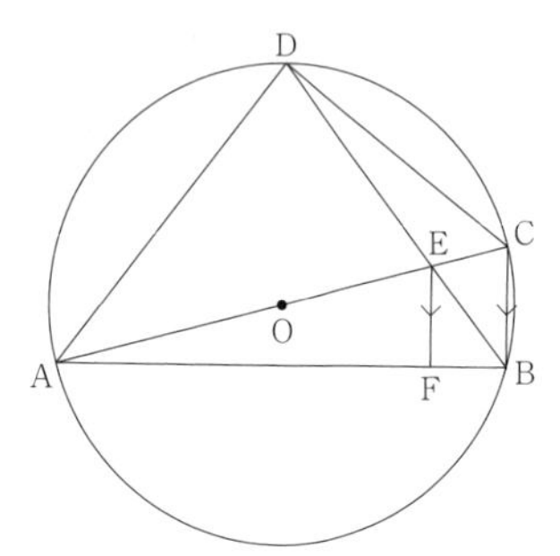

11 (2) (ア) ACが直径だから，$\angle ABC = 90°$　$AC = 2OA = 12$ (cm)だから，$\triangle ABC$で三平方の定理より，$AB = \sqrt{12^2 - 3^2} = 3\sqrt{15}$ (cm)

(イ) $BC /\!/ FE$より，$FB : AB = EC : AC = 2 : 12 = 1 : 6$　よって，$BF = \frac{1}{6}AB = \frac{\sqrt{15}}{2}$ (cm)

(ウ) $EF : CB = AE : AC = 10 : 12 = 5 : 6$だから，$EF = \frac{5}{6}CB = \frac{5}{2}$ (cm)

また，$\angle AFE = \angle ABC = 90°$　よって，$\triangle EBF = \frac{1}{2} \times BF \times EF$

$= \frac{1}{2} \times \frac{\sqrt{15}}{2} \times \frac{5}{2} = \frac{5\sqrt{15}}{8}$ (cm^2)　また，$EB = \sqrt{BF^2 + EF^2} = \sqrt{\left(\frac{\sqrt{15}}{2}\right)^2 + \left(\frac{5}{2}\right)^2} = \sqrt{\frac{15}{4} + \frac{25}{4}}$

$= \sqrt{10}$ (cm)　よって，$\triangle ACD$と$\triangle EBF$の相似比は，$AC : EB = 12 : \sqrt{10}$となるから，面積比は，$12^2 : (\sqrt{10})^2 = 144 : 10 = 72 : 5$　したがって，$\triangle ACD = \frac{72}{5}\triangle EBF = \frac{72}{5} \times \frac{5\sqrt{15}}{8} = 9\sqrt{15}$ (cm^2)

答 (1) $\triangle ACD$と$\triangle EBF$において，$\overset{\frown}{AD}$に対する円周角だから，$\angle ACD = \angle EBF$……①

$\overset{\frown}{CD}$に対する円周角だから，$\angle CAD = \angle EBC$……②

$BC /\!/ FE$より，錯角は等しいから，$\angle BEF = \angle EBC$……③

②，③より，$\angle CAD = \angle BEF$……④

①，④より，2組の角がそれぞれ等しいから，$\triangle ACD \backsim \triangle EBF$

(2) (ア) $3\sqrt{15}$ (cm)　(イ) $\frac{\sqrt{15}}{2}$ (cm)　(ウ) $9\sqrt{15}$ (cm^2)

12 (2) (ア) $\triangle O'BP$は，$OP = 2$ cm，$O'B = 3 \times 2 - 2 = 4$ (cm)，三平方の定理より，$BP = \sqrt{4^2 - 2^2} = 2\sqrt{3}$ (cm)で，辺の比が，$2 : 4 : 2\sqrt{3} = 1 : 2 : \sqrt{3}$なので，$\angle BO'P = 60°$，$\angle O'BP = 30°$　$\triangle ABD \backsim \triangle O'BP$なので，$\angle BAD = \angle BO'P = 60°$，円周角の定理より，$\angle CAP = \frac{1}{2}\angle BO'P = 30°$から，$\angle PAD = \angle BAD - \angle CAP = 30°$なので，$\triangle PAD \backsim \triangle ABD$　よって，$AD = \frac{1}{2}AB = 3$ (cm)より，$AP = \frac{2}{\sqrt{3}}AD = 2\sqrt{3}$ (cm)　また，$\triangle ABE \equiv \triangle ABD$なので，$AE = AD = 3$ (cm)　$\angle BAE = \angle BAD = 60°$から，$\angle PAE = \angle BAE + \angle BAP = 90°$より，$\triangle PAE$は直角三角形。したがって，$PE = \sqrt{(2\sqrt{3})^2 + 3^2} = \sqrt{21}$ (cm)

(イ) 四角形AECPは，$\angle PAE = \angle APC = 90°$なので，台形となり，$\triangle O'PC$は正三角形なので，$PC = 2$ cmより，台形$AECP = \frac{1}{2} \times (2 + 3) \times 2\sqrt{3} = 5\sqrt{3}$ (cm^2)　よって，$\triangle CPE =$台形$AECP - \triangle PAE = 5\sqrt{3} - \frac{1}{2} \times 2\sqrt{3} \times 3 = 5\sqrt{3} - 3\sqrt{3} = 2\sqrt{3}$ (cm^2)

答 (1) $\triangle ABD$と$\triangle O'BP$において，共通な角だから，$\angle ABD = \angle O'BP$……①

半円の弧に対する円周角は$90°$なので，$\angle ADB = 90°$……②

また，円の接線は接点を通る半径に垂直なので，$\angle O'PB = 90°$……③

②，③より，$\angle ADB = \angle O'PB$……④

①，④より，2組の角がそれぞれ等しいので，$\triangle ABD \backsim \triangle O'BP$

(2) (ア) $\sqrt{21}$ (cm)　(イ) $2\sqrt{3}$ (cm^2)

13 (2) △AFE ∽△BCE より，∠BCE = ∠AFE = $a°$　円周角と中心角の関係より，∠BOA = 2∠BCA = $2a°$
△OAB は OA = OB の二等辺三角形だから，∠OAB =(180° − $2a°$) ÷ 2 = 90° − $a°$

(3) (ア) △AFE ∽△BCE より，∠EAF = ∠EBC……㋐　$\overset{\frown}{CG}$に対する円周角だから，∠EAF = ∠GBD……㋑　㋐，㋑より，∠FBD = ∠GBD……㋒　㋒と，∠FDB = ∠GDB = 90°，BD は共通で，1 組の辺とその両端の角がそれぞれ等しいので，△FBD ≡△GBD　したがって，DG = DF = 3 cm だから，AG = 2 + 3 + 3 = 8 (cm)

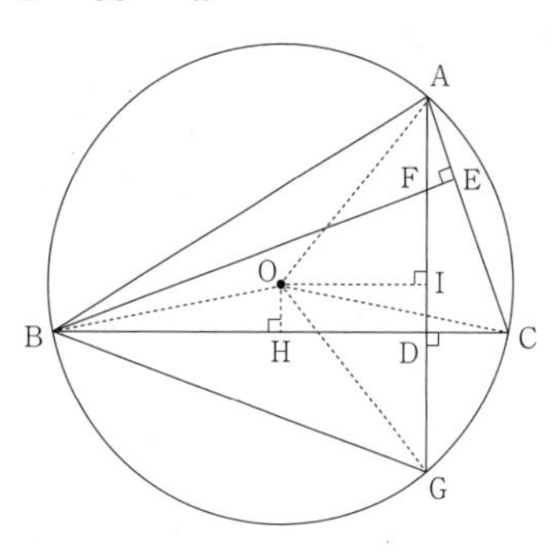

(イ) 右図のように，点 O から線分 BC，AG にそれぞれ垂線 OH，OI をひく。△OBC は OB = OC の二等辺三角形だから，BH = $\frac{1}{2}$BC = 5 (cm)　△OAG も OA = OG の二等辺三角形だから，IG = $\frac{1}{2}$AG = 4 (cm)　したがって，OH = ID = 4 − 3 = 1 (cm) だから，△OBH で三平方の定理より，OB = $\sqrt{5^2 + 1^2}$ = $\sqrt{26}$ (cm)　よって，円 O の面積は，$\pi \times (\sqrt{26})^2 = 26\pi$ (cm^2)

答 (1) △AFE と△BCE において，仮定から，∠AEF = ∠BEC = 90°……①
△ACD において，仮定から，∠CAD = 180° − 90° − ∠ACD……②
△BCE において，仮定から，∠CBE = 180° − 90° − ∠BCE
よって，∠CBE = 180° − 90° − ∠ACD……③
②，③より，∠CAD = ∠CBE　よって，∠FAE = ∠CBE……④
①，④より，2 組の角がそれぞれ等しいから，△AFE ∽△BCE
(2) 90° − $a°$　(3) (ア) 8 (cm)　(イ) 26π (cm^2)

■実戦問題演習Ⅱ（p.22～）

1 (1) 点Ａから辺BCに垂線とAHをひくと，$BH = \frac{1}{2}BC = 2$ (cm)で，△ABHは直角三角形になるから，三平方の定理より，$AH = \sqrt{6^2 - 2^2} = 4\sqrt{2}$ (cm)　よって，$\triangle ABC = \frac{1}{2} \times 4 \times 4\sqrt{2} = 8\sqrt{2}$ (cm^2)　また，△BDE ≡△ABCより，∠BDE = ∠BCF　同位角が等しいから，FC∥ED　したがって，CF : DE = BC : BDより，CF : 4 = 4 : 6　よって，CF × 6 = 4 × 4より，$CF = \frac{8}{3}$ (cm)

(2) (イ) $\triangle ABC = 8\sqrt{2}$ cm^{2}で，△ABF : △ABC = AF : AC = 5 : 9だから，$\triangle ABF = \frac{5}{9} \times 8\sqrt{2} = \frac{40\sqrt{2}}{9}$ (cm^2)　AC∥EDより，BF : FE = BC : CD = 4 : (6 − 4) = 2 : 1だから，$\triangle AFE = \frac{1}{2}\triangle ABF = \frac{1}{2} \times \frac{40\sqrt{2}}{9} = \frac{20\sqrt{2}}{9}$ (cm^2)　△AFE ∽△ACGで，△AFE : △ACG = $5^2 : 9^2$ = 25 : 81だから，$\triangle ACG = \frac{81}{25}\triangle AFE = \frac{81}{25} \times \frac{20\sqrt{2}}{9} = \frac{36\sqrt{2}}{5}$ (cm^2)

答 (1) (△ABC =) $8\sqrt{2}$ (cm^2)　(CF =) $\frac{8}{3}$ (cm)

(2) (ア) △AFEと△ACGにおいて，共通の角なので，∠FAE = ∠CAG……①

AF : AC = $\left(6 - \frac{8}{3}\right) : 6 = \frac{10}{3} : 6$ = 5 : 9……②　また，仮定より，AE : AG = 5 : 9……③

②，③より，AF : AC = AE : AG……④

①，④より，2組の辺の比とその間の角がそれぞれ等しいので，△AFE ∽△ACG

(イ) $\frac{36\sqrt{2}}{5}$ (cm^2)

2 (1) DE∥ACより，BE : BC = BD : BA = 2 : (2 + 1) = 2 : 3　したがって，BE : 6 = 2 : 3より，3BE = 12だから，BE = 4 (cm)　ここで，△BED ≡△BGFより，BG = BE = 4 cm

(3) AD : DB = 1 : 2より，$DB = AB \times \frac{2}{1+2} = \frac{2}{3}AB = \frac{2}{3} \times 9 = 6$ (cm)　△BED ≡△BGFより，FB = DB = 6 cm　△BFCは，BF = BC = 6 cmの二等辺三角形だから，∠BCF = ∠BFC　また，△ABCは，AB = ACの二等辺三角形だから，∠ACB = ∠ABC　したがって，△BFCと△ABCは，∠BCF = ∠ACB（共通），∠BFC = ∠ABCで，2組の角がそれぞれ等しいので，△BFC ∽△ABC　よって，BF : AB = FC : BCだから，6 : 9 = FC : 6　これを解いて，CF = 4 (cm)

(4) (2)より，△ABF ∽△CBGだから，AB : CB = AF : CG　(3)より，FC = 4 cmだから，AF = 9 − 4 = 5 (cm)　したがって，9 : 6 = 5 : CGだから，$CG = \frac{10}{3}$ (cm)

(5) △ABCは，AB = ACの二等辺三角形だから，頂点Ａから辺BCに垂線AHをひくと，$BH = \frac{1}{2}BC = 3$ (cm)　△ABHで，三平方の定理より，$AH = \sqrt{9^2 - 3^2} = 6\sqrt{2}$ (cm)　したがって，$\triangle ABC = \frac{1}{2} \times 6 \times 6\sqrt{2} = 18\sqrt{2}$ (cm^2)　ここで，AF : FC = 5 : 4だから，$\triangle ABF = \frac{5}{5+4} \times \triangle ABC = \frac{5}{9} \times 18\sqrt{2} = 10\sqrt{2}$ (cm^2)　(2)より，△ABF ∽△CBGで，相似比は，AB : CB = 9 : 6 = 3 : 2だから，面積比は，$3^2 : 2^2$ = 9 : 4　よって，$\triangle CBG = \frac{4}{9}\triangle ABF = \frac{4}{9} \times 10\sqrt{2} = \frac{40\sqrt{2}}{9}$ (cm^2)

答 (1) 4 (cm)

(2) △ABF と△CBG において，DE∥AC だから，AB : DB = CB : EB

△BED ≡ △BGF だから，DB = FB，EB = GB

よって，AB : FB = CB : GB より，AB : CB = FB : GB……①

また，∠ABF = ∠ABC − ∠FBC，∠CBG = ∠FBG − ∠FBC，∠ABC = ∠FBG より，

∠ABF = ∠CBG……②

①，②より，2 組の辺の比とその間の角がそれぞれ等しいから，△ABF ∽ △CBG

(3) 4 (cm)

(4) $\dfrac{10}{3}$ (cm)　(5) $\dfrac{40\sqrt{2}}{9}$ (cm^2)

3 (2) AD∥BC の錯角より，∠ACB = ∠DAF = $a°$ だから，∠DCF = ∠BCD − ∠ACB = 60° − $a°$　△CDF の内角の和より，∠CDF = 180° − ∠DFC − ∠DCF = 180° − 90° − (60° − $a°$) = 30° + $a°$

(3) △ABC = $\dfrac{1}{2} \times 6 \times 3\sqrt{3} = 9\sqrt{3}$ (cm^2)　△ABC で三平方の定理より，AC = $\sqrt{(3\sqrt{3})^2 + 6^2} = 3\sqrt{7}$ (cm)　△ABC の底辺を AC とみると高さは BE で，面積について，$\dfrac{1}{2} \times 3\sqrt{7} \times$ BE $= 9\sqrt{3}$ が成り立つ。これを解いて，BE = $\dfrac{6\sqrt{21}}{7}$ (cm)

(4) 右図のように点 D から辺 BC に垂線をひき，交点を H とおく。△DHC は 3 辺の比が 1 : 2 : $\sqrt{3}$ の直角三角形で，DH = AB = $3\sqrt{3}$ cm より，HC = $3\sqrt{3} \times \dfrac{1}{\sqrt{3}} = 3$ (cm)　よって，AD = BH = 6 − 3 = 3 (cm)　△AFD と△CBA で，AD∥BC より，∠DAF = ∠ACB，∠AFD = ∠CBA = 90° だから，△AFD ∽ △CBA　よって，AF : CB = AD : CA より，AF : 6 = 3 : $3\sqrt{7}$

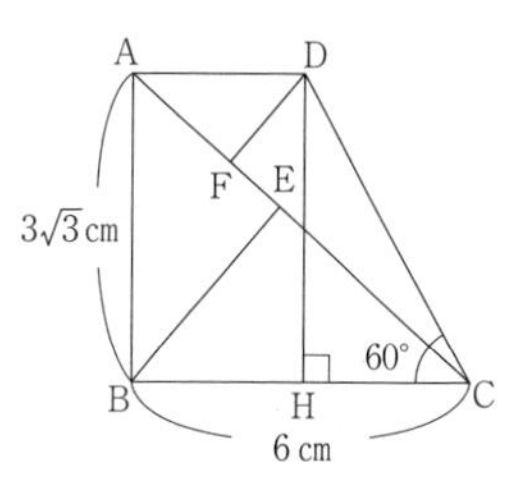

これより，$3\sqrt{7} \times$ AF = 3 × 6 となるから，AF = $\dfrac{6\sqrt{7}}{7}$ (cm)　CF = AC − AF = $3\sqrt{7} - \dfrac{6\sqrt{7}}{7} = \dfrac{15\sqrt{7}}{7}$ (cm) より，AF : CF = $\dfrac{6\sqrt{7}}{7} : \dfrac{15\sqrt{7}}{7}$ = 2 : 5　△AFD : △CDF = AF : CF = 2 : 5 となるから，△CDF = $\dfrac{5}{2}$ △AFD……㋐　また，△AFD と△BEA で，△AFD ∽ △CBA より，∠ADF = ∠CAB，∠AFD = ∠BEA = 90° より，△AFD ∽ △BEA だから，相似比は，AD : BA = 3 : $3\sqrt{3}$ = 1 : $\sqrt{3}$ となり，△AFD : △BEA = $1^2 : (\sqrt{3})^2$ = 1 : 3　よって，△ABE = 3△AFD……㋑　㋐，㋑より，△ABE ÷ △CDF = 3△AFD ÷ $\dfrac{5}{2}$ △AFD = $\dfrac{6}{5}$ (倍)

答 (1) △AFD と△CEB において，AD∥BC より，錯角は等しいから，∠DAF = ∠BCE……①

仮定から，∠DFA = ∠BEC = 90°……②

①，②より，2 組の角がそれぞれ等しいから，△AFD ∽ △CEB

(2) 30° + $a°$　(3) $\dfrac{6\sqrt{21}}{7}$ (cm)　(4) $\dfrac{6}{5}$ (倍)

4 (1) △CDF で三平方の定理より，DF = $\sqrt{CF^2 - CD^2} = \sqrt{10^2 - 4^2} = 2\sqrt{21}$ (cm)

(3) (ア) FB = FC − BC = 6 − 4 = 2 (cm)　AD ∥ FB より，AG : GB = AD : FB = 4 : 2 = 2 : 1　よって，AG = AB × $\dfrac{2}{2+1}$ = 4 × $\dfrac{2}{3}$ = $\dfrac{8}{3}$ (cm)　△AGD ≡ △BEA より，BE = AG = $\dfrac{8}{3}$cm だから，EF = BE − FB = $\dfrac{8}{3}$ − 2 = $\dfrac{2}{3}$ (cm)

(イ) 台形 AEFD の高さと，△CDF の FC を底辺としたときの高さは等しい。よって，面積比は，(台形 AEFD の上底と下底の和) : (△CDF の底辺) と等しいから，$\left(4 + \dfrac{2}{3}\right)$: 6 = 7 : 9

答 (1) $2\sqrt{21}$ (cm)

(2) △AGD と△BEA において，CD ∥ BA より，錯角が等しいから，∠CDG = ∠AGD = 90°
これより，∠AGD = ∠BEA = 90°……①
また，AD ∥ EB より，錯角が等しいから，∠GAD = ∠EBA……②
四角形 ABCD はひし形だから，AD = BA……③
①，②，③より，直角三角形の斜辺と 1 つの鋭角がそれぞれ等しいから，△AGD ≡ △BEA
よって，AG = BE

(3) (ア) $\dfrac{2}{3}$ (cm)　(イ) 7 : 9

5 (1) △EFG は直角二等辺三角形で，∠EGF = 45° なので，∠DGF = 180° − (74° + 45°) = 61°

(3) (ア) △AEG ≡ △BFE より，AG = BE = 1 cm なので，AE = 4 − 1 = 3 (cm)　△AEG において，三平方の定理より，EG = $\sqrt{1^2 + 3^2} = \sqrt{10}$ (cm) なので，△EFG = $\dfrac{1}{2} \times \sqrt{10} \times \sqrt{10}$ = 5 (cm^2)　ここで，点 H，I がそれぞれ線分 GE，GF の中点であることから，△HIG ∽ △EFG で，相似比は 1 : 2 なので，面積比は 1 : 4。よって，四角形 HEFI : △EFG = (4 − 1) : 4 = 3 : 4 なので，四角形 HEFI = 5 × $\dfrac{3}{4}$ = $\dfrac{15}{4}$ (cm^2)

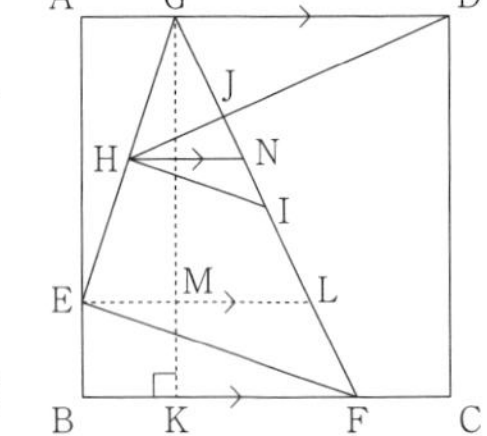

(イ) BF = AE = 3 cm で，右図のように点 G から BF に垂線 GK をひくと，BK = AG = 1 cm なので，KF = 3 − 1 = 2 (cm)　さらに，点 E から BC に平行な線をひき，GF との交点を L とし，EL と GK の交点を M とすると，ML : KF = GM : GK = AE : AB = 3 : 4 なので，ML = $\dfrac{3}{4}$KF = $\dfrac{3}{4}$ × 2 = $\dfrac{3}{2}$ (cm) で，EL = 1 + $\dfrac{3}{2}$ = $\dfrac{5}{2}$ (cm)　ここで，点 H から EL に平行な線をひき，GF との交点を N とすると，HN : EL = GH : GE = 1 : 2 なので，HN = $\dfrac{1}{2}$EL = $\dfrac{1}{2}$ × $\dfrac{5}{2}$ = $\dfrac{5}{4}$ (cm)　よって，HN ∥ GD より，HJ : JD = HN : GD = $\dfrac{5}{4}$: 3 = 5 : 12

答 (1) 61°

(2) △AEG と△BFE で，四角形 ABCD は正方形だから，∠EAG = ∠FBE = 90°……①
仮定より，EG = FE……②　また，∠AGE = 180° − (90° + ∠AEG) = 90° − ∠AEG……③
∠BEF = 180° − (90° + ∠AEG) = 90° − ∠AEG……④
③，④から，∠AGE = ∠BEF……⑤
①，②，⑤から，直角三角形の斜辺と 1 つの鋭角がそれぞれ等しいので，△AEG ≡ △BFE

(3) (ア) $\dfrac{15}{4}$ (cm^2)　(イ) 5 : 12

6 (1) △ABH は 30°，60° の直角三角形だから，$AH = \frac{\sqrt{3}}{2}AB = 3\sqrt{3}$ (cm)

(2) 平行四辺形 $ABCD = BC \times AH = 8 \times 3\sqrt{3} = 24\sqrt{3}$ (cm²)

(3) (ア) QD ∥ BA より，QD : BA = DM : AM = 1 : 1　よって，QD = BA = 6 cm

(ウ) 右図のように，BC の延長上に Q から垂線 QI をひく。△QCI は 30°，60° の直角三角形になるから，QC = 6 + 6 = 12 (cm) より，$CI = \frac{1}{2}QC = 6$ (cm)，$QI = \sqrt{3}CI = 6\sqrt{3}$ (cm)　さらに，△QBI で三平方の定理より，

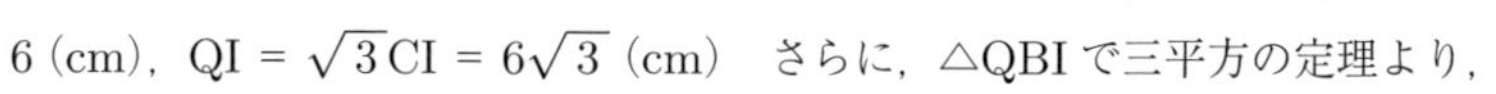

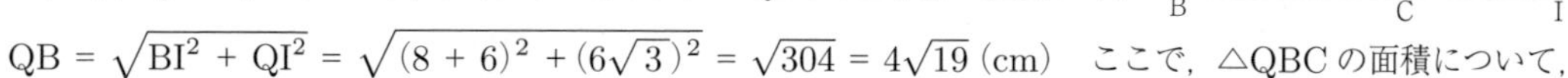

$QB = \sqrt{BI^2 + QI^2} = \sqrt{(8 + 6)^2 + (6\sqrt{3})^2} = \sqrt{304} = 4\sqrt{19}$ (cm)　ここで，△QBC の面積について，$\frac{1}{2} \times QB \times PC = \frac{1}{2} \times BC \times QI$ が成り立つから，$\frac{1}{2} \times 4\sqrt{19} \times PC = \frac{1}{2} \times 8 \times 6\sqrt{3}$　よって，$PC = \frac{24\sqrt{3}}{2\sqrt{19}} = \frac{12\sqrt{57}}{19}$ (cm)

答 (1) $3\sqrt{3}$ (cm)　(2) $24\sqrt{3}$ (cm²)

(3) (ア) 6 (cm)

(イ) (∠CPD = x，∠DPM = y とすると，)

△CDP は DC = DP の二等辺三角形なので，∠PCD = ∠CPD = x……①

△DPQ は DP = DQ の二等辺三角形なので，∠DPM = ∠DQM = y……②

△CPQ において，内角の和は 180° なので，①，②より，$x + x + y + y = 180°$

これより，$2(x + y) = 180°$ だから，$x + y = 90°$

よって，∠CPM = ∠CPD + ∠DPM = $x + y = 90°$

(ウ) $\frac{12\sqrt{57}}{19}$ (cm)

7 (1) △CBF は，等辺が 4 cm の直角二等辺三角形だから，$CF = \sqrt{2}BC = \sqrt{2} \times 4 = 4\sqrt{2}$ (cm)

(2) ∠DEF = ∠ABC = 90° − x°　また，∠GFE = 45° だから，△GEF の内角と外角の関係より，∠DGF = (90° − x°) + 45° = 135° − x°

(4) AF と BC との交点を H とすると，AC ∥ BF より，△ABF = △CBF　よって，2 つの斜線部分の面積は等しいから，△CHF = 5 cm² となる。$\triangle CBF = \frac{1}{2} \times 4 \times 4 = 8$ (cm²) だから，△CHF : △HEF = 5 : (8 − 5) = 5 : 3　よって，CH : HE = 5 : 3　AC : EF = CH : HE より，a : 4 = 5 : 3　これを解いて，$3a = 20$ より，$a = \frac{20}{3}$

答 (1) $4\sqrt{2}$ (cm)　(2) 135° − x°

(3) $\overset{\frown}{CP}$ に対する円周角の定理より，$\angle CFP = \frac{1}{2}\angle CBP$……①

$\overset{\frown}{FQ}$ に対する円周角の定理より，$\angle FCQ = \frac{1}{2}\angle FBQ$……②

△ABC ≡ △DEF より，∠CBP = ∠FBQ……③

①，②，③より，∠CFP = ∠FCQ　錯角が等しいから，CQ ∥ PF となる。

(4) $\frac{20}{3}$

8 (1) 点DからACに垂線DHを引くと，△CDHは30°，60°の直角三角形だから，$CH=\frac{1}{2}CD=2$ (cm)，$DH=\sqrt{3}CH=2\sqrt{3}$ (cm)　さらに，$\angle DAH=60°-15°=45°$より，△ADHは直角二等辺三角形だから，$AH=DH=2\sqrt{3}$ cm　よって，△ABCの1辺の長さは，$AC=CH+AH=2+2\sqrt{3}$ (cm)

(3) 条件より，△ABD≡△ACEだから，求める面積は，おうぎ形ABC＋△ACE－△ABD－おうぎ形ADE＝おうぎ形ABC－おうぎ形ADEで計算できる。△ABDは30°，60°の直角三角形で，$AD=\frac{\sqrt{3}}{2}AB=4\sqrt{3}$ (cm)だから，$\pi\times8^2\times\frac{60}{360}-\pi\times(4\sqrt{3})^2\times\frac{60}{360}=\frac{8}{3}\pi$ (cm^2)

答 (1) $2+2\sqrt{3}$ (cm)

(2) △ACEと△DCFにおいて，
△ABC，△ADEがそれぞれ正三角形だから，∠DCA＝∠DEA＝60°
2点C，Eは直線ADについて同じ側にあるから，
円周角の定理の逆より，4点A，D，C，Eは1つの円周上にある。
この円について，$\overset{\frown}{CE}$に対する円周角だから，∠CAE＝∠CDF……①
また，$\overset{\frown}{AE}$に対する円周角だから，∠ACE＝∠ADE＝60°
ここで，∠DCF＝60°でもあるから，∠ACE＝∠DCF……②
①，②より，2組の角がそれぞれ等しいから，△ACE∽△DCF

(3) $\frac{8}{3}\pi$ (cm^2)

9 (2) ① △ACEと△BDEにおいて，∠AEC＝∠BED……㋐　∠ACE＝∠BDE＝90°……㋑　㋐，㋑より，2組の角がそれぞれ等しいから，△ACE∽△BDE　ここで，CE＝x cmとすると，AE＝5＋3＝8 (cm)，AE：CE＝BE：DEより，$8:x=(x+2):3$が成り立つ。整理すると，$x^2+2x-24=0$　左辺を因数分解して，$(x+6)(x-4)=0$　よって，$x=-6,\ 4$　$x>0$より，$x=4$

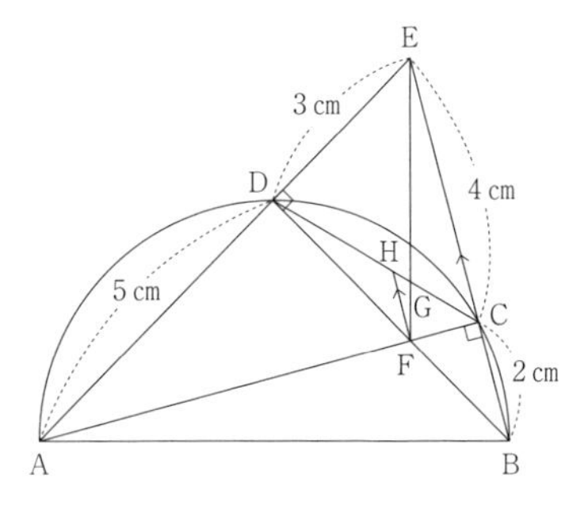

② BE＝4＋2＝6 (cm)だから，△BDEは，DE：BE＝3：6＝1：2より，30°，60°の直角三角形。よって，∠CBF＝30°だから，△BCF，△ADFも30°，60°の直角三角形で，$CF=\frac{1}{\sqrt{3}}BC=\frac{2\sqrt{3}}{3}$ (cm)，$BF=2CF=\frac{4\sqrt{3}}{3}$ (cm)，$DF=\frac{1}{\sqrt{3}}AD=\frac{5\sqrt{3}}{3}$ (cm)　これより，$BF:DF=\frac{4\sqrt{3}}{3}:\frac{5\sqrt{3}}{3}=4:5$　前図のようにFからBEに平行な直線をひき，DCとの交点をHとすると，FH：BC＝DF：DB＝5：(5＋4)＝5：9だから，$FH=\frac{5}{9}BC=\frac{10}{9}$ (cm)　さらに，$EG:FG=EC:FH=4:\frac{10}{9}=18:5$　ここで，△CEFで三平方の定理より，$EF=\sqrt{CE^2+CF^2}=\sqrt{4^2+\left(\frac{2\sqrt{3}}{3}\right)^2}=\sqrt{\frac{52}{3}}=\frac{2\sqrt{39}}{3}$ (cm)　よって，$EG=EF\times\frac{18}{18+5}=\frac{2\sqrt{39}}{3}\times\frac{18}{23}=\frac{12\sqrt{39}}{23}$ (cm)

答 (1) △ADF と△BCF において，対頂角は等しいので，∠AFD ＝∠BFC……㋐
半円の弧に対する円周角は 90° なので，∠ADF ＝∠BCF ＝ 90°……㋑
㋐，㋑より，2 組の角がそれぞれ等しいので，△ADF ∽△BCF

(2) ① 4 (cm)　② $\frac{12\sqrt{39}}{23}$ (cm)

10 (2) (1)より，∠BEC ＝∠BAD ＝ 60°　また，∠EAC ＝ 180° － 60° × 2 ＝ 60°　よって，△ACE は正三角形になるので，AE ＝ AC ＝ 3 cm

(3) BE ＝ 5 ＋ 3 ＝ 8 (cm)　AD ∥ EC より，BD : BC ＝ BA : BE となり，BD : 7 ＝ 5 : 8　よって，BD ＝ $\frac{35}{8}$ (cm)

(4) (ア) 右図のように，点 F と点 B，点 F と点 C をそれぞれ結ぶと，$\overset{\frown}{BF}$の円周角より，∠BCF ＝∠BAF ＝ 60°，$\overset{\frown}{CF}$の円周角より，∠FBC ＝∠FAC ＝ 60° なので，△BCF は正三角形。これより，BF ＝ BC ＝ 7 cm となり，点 F から BC に垂線 FG をひくと，△BFG は 30°，60° の角をもつ直角三角形だから，FG ＝ $\frac{\sqrt{3}}{2}$BF ＝ $\frac{\sqrt{3}}{2} \times 7 = \frac{7\sqrt{3}}{2}$ (cm)　また，BG ＝ $\frac{1}{2}$BF ＝ $\frac{7}{2}$ (cm) なので，DG ＝ $\frac{35}{8} - \frac{7}{2} = \frac{7}{8}$ (cm)　よって，△DFG において，

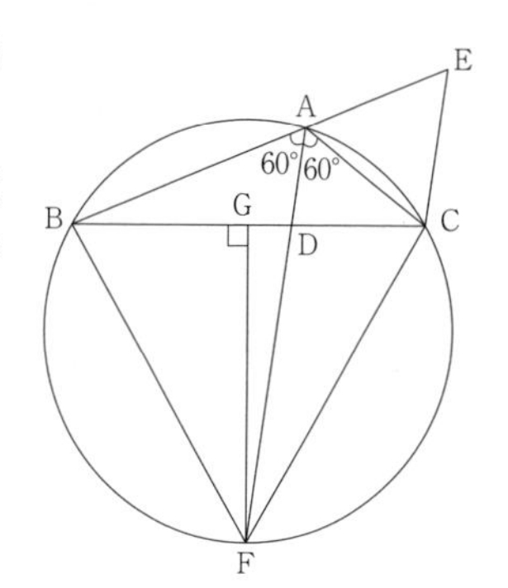

$$DF = \sqrt{FG^2 + DG^2} = \sqrt{\left(\frac{7\sqrt{3}}{2}\right)^2 + \left(\frac{7}{8}\right)^2} = \frac{49}{8}\ (cm)$$

(イ) AD ∥ EC より，△ACE と△ACD は底辺をそれぞれ EC，AD としたときの高さが等しいので，△ACE : △ACD ＝ EC : AD ＝ BE : BA ＝ 8 : 5 となり，△ACD ＝ $\frac{5}{8}$△ACE ＝ $\frac{5}{8}S_2$　また，AD ＝ $\frac{5}{8}$EC ＝ $\frac{5}{8} \times 3 = \frac{15}{8}$ (cm) より，AD : AF ＝ $\frac{15}{8} : \left(\frac{15}{8} + \frac{49}{8}\right)$ ＝ 15 : 64　よって，△ACD : △ACF ＝ AD : AF ＝ 15 : 64 なので，△ACF ＝ $\frac{64}{15}$△ACD ＝ $\frac{64}{15} \times \frac{5}{8}S_2 = \frac{8}{3}S_2$ となり，$S_1 : S_2 = \frac{8}{3}S_2 : S_2 = 8 : 3$

答 (1) △BAD と△BEC において，共通な角より，∠ABD ＝∠EBC……①
AD ∥ EC より，同位角が等しいから，∠BAD ＝∠BEC……②
①，②より，2 組の角がそれぞれ等しいので，△BAD ∽△BEC

(2) 3 (cm)　(3) $\frac{35}{8}$ (cm)　(4) (ア) $\frac{49}{8}$ (cm)　(イ) 8 : 3

11 (1) ∠ACB ＝ (180° － 50°) ÷ 2 ＝ 65° だから，∠PCB ＝ 65° － a°　$\overset{\frown}{PB}$に対する円周角だから，∠PAB ＝ ∠PCB ＝ 65° － a°

(3) ∠BAC ＝ 60°，AB ＝ AC より，△ABC は正三角形で，∠ABC ＝ 60°　$\overset{\frown}{AC}$に対する円周角より，∠APQ ＝ ∠ABC ＝ 60° だから，AP ＝ AQ より，△APQ も正三角形。よって，AP ＝ PQ ＝ t cm とし，点 A から直線 PQ に垂線 AH をひくと，AH ＝ $\frac{\sqrt{3}}{2}$AP ＝ $\frac{\sqrt{3}}{2}t$ (cm) だから，△APQ の面積について，$\frac{1}{2} \times t \times \frac{\sqrt{3}}{2}t = 4\sqrt{3}$ が成り立つ。これより，$t^2 = 16$ となり，$t > 0$ より，$t = 4$　ここで，∠ACH ＝ 45° より，△AHC は直角二等辺三角形だから，AC ＝ $\sqrt{2}$AH ＝ $\sqrt{2} \times \left(\frac{\sqrt{3}}{2} \times 4\right) = 2\sqrt{6}$ (cm)　したがって，△APQ : △ABC ＝ $4^2 : (2\sqrt{6})^2$ ＝ 2 : 3 より，△ABC ＝ $4\sqrt{3} \times \frac{3}{2} = 6\sqrt{3}$ (cm^2)

答 (1) $65° - a°$

(2) △APBと△AQCにおいて，仮定より，AB ＝ AC……①，AP ＝ AQ……②

また，②より，∠APQ＝∠AQPだから，∠PAQ ＝ 180° － 2∠APQ

ここで，$\overset{\frown}{AC}$に対する円周角より，∠APQ＝∠ABCだから，

∠BAC ＝ 180° － 2∠ABC ＝ 180° － 2∠APQ ＝∠PAQ

したがって，∠BAP＝∠PAQ－∠BAQ＝∠BAC－∠BAQ＝∠CAQ……③

①，②，③より，2組の辺とその間の角がそれぞれ等しいから，△APB≡△AQC

対応する辺の長さは等しいから，BP ＝ CQ

(3) $6\sqrt{3}$ (cm^2)

空間図形

■テーマ別基本演習 (p.34～)

テーマ1 基礎的な性質／計量問題

1 (1) 辺ABと垂直に交わるのは，辺AD，辺BC，辺BEの3本。

(2) 辺BEと平行なのは，辺AD，辺CFの2本。

(3) 辺ACと平行ではないが，交わらない辺を答えればよい。よって，辺BE，辺DE，辺EFの3本。

答 (1) 辺AD，辺BC，辺BE (2) 辺AD，辺CF (3) 辺BE，辺DE，辺EF

2 (1) 面ABCDと平行なのは，辺EF，辺FG，辺GH，辺EHで，そのうち辺AEとねじれの位置にあるのは，辺FG，辺GH。

(2) △ADEは直角二等辺三角形だから，$DE = \sqrt{2}AE = 4\sqrt{2}$ (cm)　$EL = \frac{1}{2}EF = 2$ (cm)　△DELにおいて三平方の定理より，$DL = \sqrt{(4\sqrt{2})^2 + 2^2} = \sqrt{36} = 6$ (cm)

(3) 2点M，Nから辺EH，辺FGにそれぞれ垂線MJ，NKをひき，JとKを結ぶと，右図のように四角形MJKNは1辺の長さが4cmの正方形で，点Pから線分MKに垂線PIをひくと，PIが四角すいPAFGDの高さとなる。△PMIは直角二等辺三角形だから，$PI = \frac{1}{\sqrt{2}}PM = \frac{\sqrt{2}}{2} \times 1 = \frac{\sqrt{2}}{2}$ (cm)　四角形AFGDは長方形で面積は，$AD \times AF = 4 \times 4\sqrt{2} = 16\sqrt{2}$ (cm^2)　したがって，求める四角すいの体積は，$\frac{1}{3} \times 16\sqrt{2} \times \frac{\sqrt{2}}{2} = \frac{16}{3}$ (cm^3)

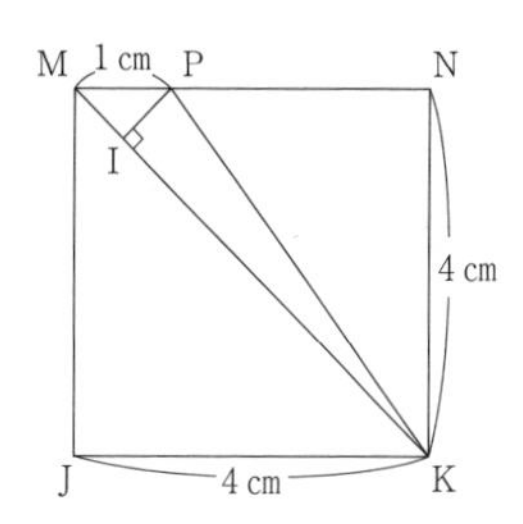

答 (1) 辺FG，辺GH (2) 6 (cm) (3) $\frac{16}{3}$ (cm^3)

テーマ2 相似比と体積比

1 三角すいO—ABCと三角すいO—DEFは相似で，相似比は2：1なので，体積比は，$2^3 : 1^3 = 8 : 1$　よって，三角すいO—ABCと三角すい台の体積比は，$8 : (8 - 1) = 8 : 7$なので，三角すい台の体積は，$24 \times \frac{7}{8} = 21$ (cm^3)

答 21 (cm^3)

2 (1) $AB : AE = AD : AG = AC : AF = (2 + 3) : 2 = 5 : 2$より，四面体ABCDと四面体AEFGは相似である。よって，相似比は5：2なので，体積の比は，$5^3 : 2^3 = 125 : 8$

(2) 四面体AEFG，四面体CEFGの底面を△AGF，△CGFとみると高さは等しいので，体積の比は△AGFと△CGFの面積の比と等しくなる。△AGFと△CGFは底辺をAF，CFとみると高さは等しいので，△AGF：△CGF = AF：CF = 2：3　よって，求める体積の比も2：3。

答 (1) 125：8 (2) 2：3

テーマ3　三平方の定理と方程式の立式

1 (1) △ABC で三平方の定理より，$AC = \sqrt{3^2 + 4^2} = 5$ (cm)

(2) 三平方の定理より，△ACI で，$AI^2 = CI^2 + AC^2 = t^2 + 25$　また，$IG = (6 - t)$ cm だから，△FGI で，$FI^2 = FG^2 + IG^2 = 4^2 + (6 - t)^2 = 16 + 36 - 12t + t^2 = t^2 - 12t + 52$

(3) AI = FI より，$AI^2 = FI^2$ だから，(2)より，$t^2 + 25 = t^2 - 12t + 52$　これを解いて，$t = \frac{9}{4}$

答 (1) 5 (cm)　(2) ($AI^2 =$) $t^2 + 25$　($FI^2 =$) $t^2 - 12t + 52$　(3) $\frac{9}{4}$

2 (1) 三平方の定理より，△AEF で，$AF = \sqrt{4^2 + 6^2} = \sqrt{52} = 2\sqrt{13}$ (cm)　また，△ABC は直角二等辺三角形だから，$AC = \sqrt{2}AB = 6\sqrt{2}$ (cm)

(2) $CF = \sqrt{4^2 + 6^2} = 2\sqrt{13}$ (cm)　また，右図のように $AI = x$ cm とすると，$IF = (2\sqrt{13} - x)$ cm　三平方の定理より，△AIC で，$CI^2 = AC^2 - AI^2 = (6\sqrt{2})^2 - x^2$，△CIF で，$CI^2 = CF^2 - IF^2 = (2\sqrt{13})^2 - (2\sqrt{13} - x)^2$ だから，$(6\sqrt{2})^2 - x^2 = (2\sqrt{13})^2 - (2\sqrt{13} - x)^2$ が成り立つ。$72 - x^2 = 52 - 52 + 4\sqrt{13}x - x^2$ となり，$4\sqrt{13}x = 72$　よって，$x = \frac{72}{4\sqrt{13}} = \frac{18}{\sqrt{13}} = \frac{18\sqrt{13}}{13}$

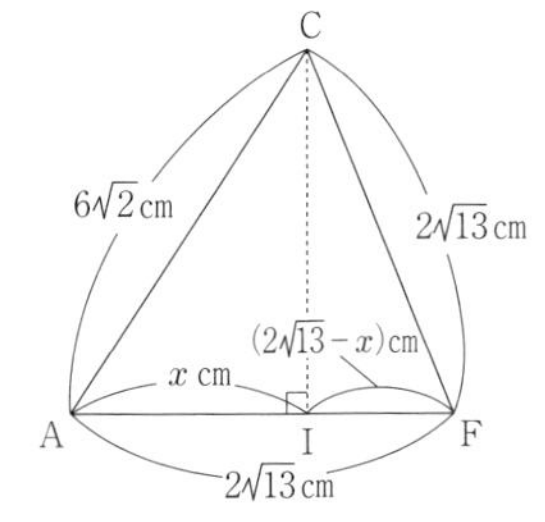

答 (1) ($AF =$) $2\sqrt{13}$ (cm)　($AC =$) $6\sqrt{2}$ (cm)　(2) $\frac{18\sqrt{13}}{13}$ (cm)

テーマ4　体積を２通りに表す

1 (1) $AC = AF = CF = 6 \times \sqrt{2} = 6\sqrt{2}$ (cm)なので，△AFC は正三角形となり，高さは，$6\sqrt{2} \times \frac{\sqrt{3}}{2} = 3\sqrt{6}$ (cm)　よって，求める面積は，$\frac{1}{2} \times 6\sqrt{2} \times 3\sqrt{6} = 18\sqrt{3}$ (cm^2)

(2) 三角錐 AFCH の体積は，立方体から三角錐 ABCF の体積４つ分をひけばよいので，$6^3 - \left(\frac{1}{3} \times \frac{1}{2} \times 6^2 \times 6\right) \times 4 = 72$ (cm^3)　よって，△AFC を底面としたときの高さを h cm とおいて体積について２通りに表すと，$\frac{1}{3} \times 18\sqrt{3} \times h = 72$ が成り立つ。これを解くと，$h = 4\sqrt{3}$

答 (1) $18\sqrt{3}$ (cm^2)　(2) (体積) 72 (cm^3)　(高さ) $4\sqrt{3}$ (cm)

② (1) $\mathrm{JH} = \dfrac{1}{2}\mathrm{DH} = 3$ (cm)　△JHE で三平方の定理より，$\mathrm{EJ} = \sqrt{3^2 + 6^2} = 3\sqrt{5}$ (cm)

(2) $\mathrm{JI} = \mathrm{DB} = \sqrt{2}\,\mathrm{AB} = 6\sqrt{2}$ (cm)　△EJI は EJ = EI の二等辺三角形だから，E から JI に垂線 EK をひくと，$\mathrm{JK} = \dfrac{1}{2}\mathrm{JI} = 3\sqrt{2}$ (cm)　よって，$\mathrm{EK} = \sqrt{\mathrm{EJ}^2 - \mathrm{JK}^2} = \sqrt{(3\sqrt{5})^2 - (3\sqrt{2})^2} = 3\sqrt{3}$ (cm) だから，$\triangle\mathrm{EIJ} = \dfrac{1}{2} \times \mathrm{JI} \times \mathrm{EK} = \dfrac{1}{2} \times 6\sqrt{2} \times 3\sqrt{3} = 9\sqrt{6}$ (cm²)

(3) 三角すい P の体積は，△AEI を底面とみると高さは 6 cm だから，$\dfrac{1}{3} \times \triangle\mathrm{AEI} \times 6 = \dfrac{1}{3} \times \left(\dfrac{1}{2} \times 6 \times 6\right) \times 6 = 36$ (cm³)　よって，面 EIJ を底面としたときの高さを h cm とおいて体積について 2 通りに表すと，$\dfrac{1}{3} \times 9\sqrt{6} \times h = 36$ が成り立つ。これを解いて，$h = 2\sqrt{6}$

答 (1) $3\sqrt{5}$ (cm)　(2) $9\sqrt{6}$ (cm²)　(3) $2\sqrt{6}$ (cm)

テーマ5　立体の分割

① (1) BC ⊥ AB，BC ⊥ BE より，BC ⊥面 ADEB だから，BC ⊥ BP　よって，∠PBC = 90° だから，△BCP は BP = BC の直角二等辺三角形で，BP = BC = 10cm

(2) △APB で三平方の定理より，$\mathrm{AP} = \sqrt{10^2 - 6^2} = 8$ (cm)

(3) 右図のように辺 BE 上で BS = 8 cm になる点を S として，体積を求める立体を面 DEF に平行な面 PSR で切り分けると，三角錐 Q—PSR と三角柱 PSR—DEF に分けられる。三角錐 Q—PSR の体積は，$\dfrac{1}{3} \times \dfrac{1}{2} \times 10 \times 6 \times (8 - 5) = 30$ (cm³)　また，三角柱 PSR—DEF の体積は，$\dfrac{1}{2} \times 10 \times 6 \times (20 - 8) = 360$ (cm³)　よって，求める体積は，$30 + 360 = 390$ (cm³)

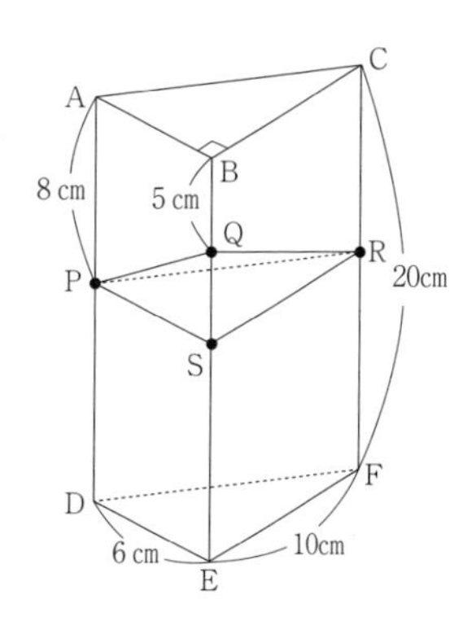

答 (1) 10 (cm)　(2) 8 (cm)　(3) 390 (cm³)

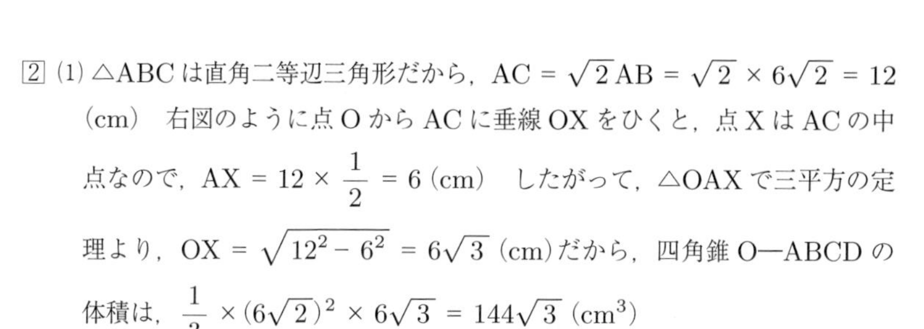

② (1) △ABC は直角二等辺三角形だから，$\mathrm{AC} = \sqrt{2}\,\mathrm{AB} = \sqrt{2} \times 6\sqrt{2} = 12$ (cm)　右図のように点 O から AC に垂線 OX をひくと，点 X は AC の中点なので，$\mathrm{AX} = 12 \times \dfrac{1}{2} = 6$ (cm)　したがって，△OAX で三平方の定理より，$\mathrm{OX} = \sqrt{12^2 - 6^2} = 6\sqrt{3}$ (cm) だから，四角錐 O—ABCD の体積は，$\dfrac{1}{3} \times (6\sqrt{2})^2 \times 6\sqrt{3} = 144\sqrt{3}$ (cm³)

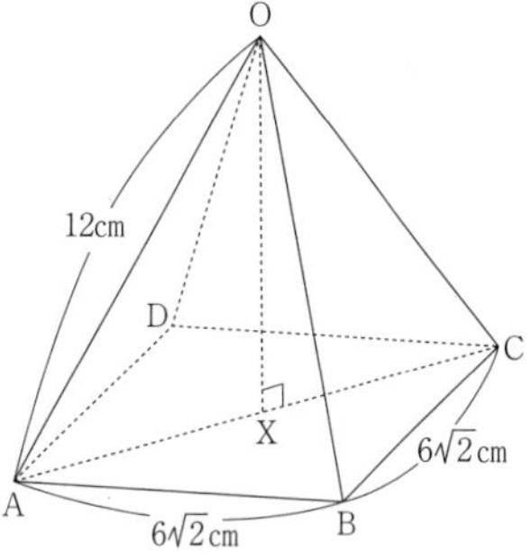

(2) △EPQ の PQ を底辺としたときの高さは，四角錐 O—ABCD の高さの $\dfrac{1}{2}$ になるので，$6\sqrt{3} \times \dfrac{1}{2} = 3\sqrt{3}$ (cm)　$\mathrm{PQ} = 6\sqrt{2} \times \dfrac{1}{2} = 3\sqrt{2}$ (cm) より，$\triangle\mathrm{EPQ} = \dfrac{1}{2} \times 3\sqrt{2} \times 3\sqrt{3} = \dfrac{9\sqrt{6}}{2}$ (cm²)

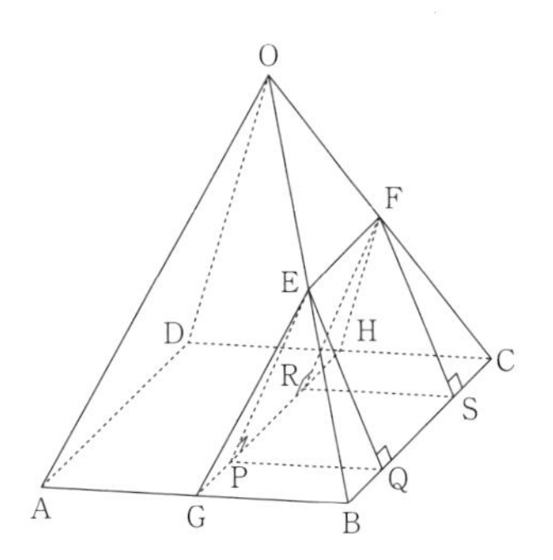

(3) $EF=\frac{1}{2}BC=3\sqrt{2}$ (cm)　また，右図のように，点 F から GH，BC に垂線 FR，FS をひくと，$QS=EF=3\sqrt{2}$ cm で，$BQ=CS=(BC-QS)\times\frac{1}{2}=(6\sqrt{2}-3\sqrt{2})\times\frac{1}{2}=\frac{3\sqrt{2}}{2}$ (cm)　求める立体の体積は，△EPQ が底面で高さが EF の三角柱と，底面が長方形 GBQP で高さが $3\sqrt{3}$ cm の四角錐と，底面が長方形 HCSR で高さが $3\sqrt{3}$ cm の四角錐の体積の和。よって，$\frac{9\sqrt{6}}{2}\times3\sqrt{2}+\frac{1}{3}\times\left(3\sqrt{2}\times\frac{3\sqrt{2}}{2}\right)\times3\sqrt{3}+\frac{1}{3}\times\left(3\sqrt{2}\times\frac{3\sqrt{2}}{2}\right)\times3\sqrt{3}=27\sqrt{3}+9\sqrt{3}+9\sqrt{3}=45\sqrt{3}$ (cm³)

答 (1) $144\sqrt{3}$ (cm³)　(2) $\frac{9\sqrt{6}}{2}$ (cm²)　(3) $45\sqrt{3}$ (cm³)

■実戦問題演習Ⅰ（p.39～）

1 (1) 直線ACを軸として1回転させてできる立体は，底面が半径 a cmの円，高さが6cmの円すいだから，$V = \frac{1}{3} \times \pi \times a^2 \times 6 = 2\pi a^2$

(2) ab は縦×横，bc は横×高さ，ca は高さ×縦で，それぞれ直方体の面の面積を表している。よって，$2(ab + bc + ca)$ は，表面積を表している。

(3) 円錐の体積は，$\frac{1}{3} \times \pi \times (2a)^2 \times h = \frac{4\pi a^2 h}{3}$ (cm^3)　円柱の体積は，$\pi \times a^2 \times 2h = 2\pi a^2 h$ (cm^3)　よって，円錐の体積は円柱の体積の，$\frac{4\pi a^2 h}{3} \div 2\pi a^2 h = \frac{2}{3}$（倍）

(4) 図1の水が入っている部分は，底面が等辺9cmの直角二等辺三角形，高さが9cmの三角すいだから，入っている水の量は，$\frac{1}{3} \times \left(\frac{1}{2} \times 9 \times 9\right) \times 9 = \frac{243}{2}$ (cm^3)　図2で，入っている水の量は，$9 \times 9 \times x = 81x$ (cm^3)と表せるから，$\frac{243}{2} = 81x$ より，$x = 1.5$

(5) 直方体の高さを，EF $= a$ cmとすると，底面積は，$(10 - 2 \times a) \div 2 \times 6 = 30 - 6a$ (cm^2)なので，求める体積は，$(30 - 6a) \times a = 30a - 6a^2$ (cm^3)

答 (1) $V = 2\pi a^2$　(2) 表面積　(3) $\frac{2}{3}$（倍）　(4) 1.5　(5) $30a - 6a^2$ (cm^3)

2 (1) ① 平行でもなく交わらない位置関係をねじれの位置という。

② AからBCに垂線をひき，BCとの交点をMとすると，△ABCは正三角形なので，MはBCの中点で，$AM = \sqrt{AB^2 - BM^2} = \sqrt{2^2 - 1^2} = \sqrt{3}$ (cm)　よって，$\triangle ABC = 2 \times \sqrt{3} \times \frac{1}{2} = \sqrt{3}$ (cm^2)　長方形ADEBの面積は，$AD \times AB = 4 \times 2 = 8$ (cm^2)だから，求める表面積は，$\sqrt{3} \times 2 + 8 \times 3 = 2\sqrt{3} + 24$ (cm^2)

(2) GH∥DEより，AH : AE = AG : AD = x : 4……㋐　GI∥DFより，AI : AF = AG : AD = x : 4……㋑　㋐，㋑より，AI : AF = AH : AE = x : 4　よって，HI∥EFとなり，HI : EF = x : 4だから，$HI = \frac{x}{4}EF = \frac{x}{4} \times 2 = \frac{x}{2}$ (cm)

答 (1) ①（平行な辺）オ　（ねじれの位置にある辺）ウ　② $2\sqrt{3} + 24$ (cm^2)　(2) $\frac{x}{2}$ (cm)

3 (1) 辺AD，辺AEは面BFGCに平行，辺BF，辺FGは面BFGCにふくまれる。

(2) ① △ADEで三平方の定理より，$DE = \sqrt{4^2 + 6^2} = 2\sqrt{13}$ (cm)　よって，$\triangle DEF = \frac{1}{2} \times EF \times DE = \frac{1}{2} \times 5 \times 2\sqrt{13} = 5\sqrt{13}$ (cm^2)

② IJ∥ADより，IJ : AD = EI : EA　EI = $(6 - x)$ cmだから，IJ : 4 = $(6 - x)$: 6より，$IJ = \frac{2}{3}(6 - x)$ (cm)　また，JK∥EFより，JK : EF = DJ : DE = AI : AE　よって，JK : 5 = x : 6より，$JK = \frac{5}{6}x$ (cm)　IJ = JKだから，$\frac{2}{3}(6 - x) = \frac{5}{6}x$　これを解いて，$x = \frac{8}{3}$

答 (1) ア，カ　(2) ① $5\sqrt{13}$ (cm^2)　② $\frac{8}{3}$

4 (1) 面 ABFE と辺 DH は平行だから，アは間違い。辺 CD と辺 EF は平行だから，エは間違い。

(2) 右図アのように，AM，BF，CN の延長線が交わる点を O とする。△OAB ∽△OMF より，OB : OF ＝ AB : MF ＝ 2 : 1 だから，OF ＝ FB ＝ 3cm よって，OB ＝ 2FB ＝ 2 × 3 ＝ 6 (cm)となるから，求める立体の体積は，

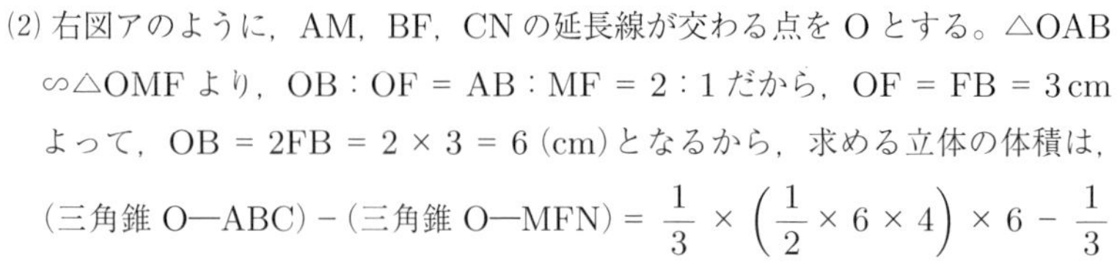

(三角錐 O—ABC) − (三角錐 O—MFN) ＝ $\frac{1}{3} \times \left(\frac{1}{2} \times 6 \times 4\right) \times 6 - \frac{1}{3} \times \left(\frac{1}{2} \times 3 \times 2\right) \times 3 = 24 - 3 = 21$ (cm^3)

図ア

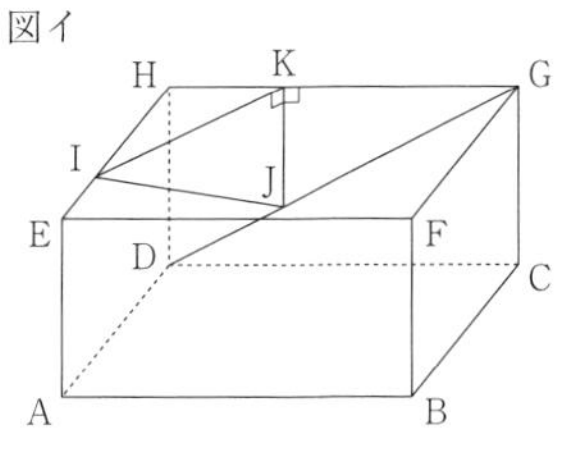

(3) 右図イのように，J から辺 GH に垂線 JK をひくと，△IJK は∠IKJ ＝ 90°の直角三角形になる。JK ∥ DH より，JK : DH ＝ GJ : GD ＝ 2 : (1 ＋ 2) ＝ 2 : 3 だから，JK ＝ $3 \times \frac{2}{3} = 2$ (cm)　また，GK : GH ＝ GJ : GD ＝ 2 : 3 だから，KH : GH ＝ (3 − 2) : 3 ＝ 1 : 3　よって，KH ＝ $6 \times \frac{1}{3} = 2$ (cm)　HI ＝ EH − EI ＝ 4 − 1 ＝ 3 (cm)だから，三平方の定理より，△IKH において，$IK^2 = KH^2 + IH^2 = 2^2 + 3^2 = 13$　△IJK において，$IJ^2 = IK^2 + JK^2 = 13 + 2^2 = 17$　IJ ＞ 0 より，IJ ＝ $\sqrt{17}$ (cm)

答 (1) イ，ウ　(2) 21 (cm^3)　(3) $\sqrt{17}$ (cm)

5 (1) △BCD は直角二等辺三角形だから，BD ＝ $\sqrt{2}$BC ＝ $12\sqrt{2}$ (cm)　A から底面 BCDE にひいた垂線は，正方形 BCDE の対角線の交点を通るから，その点を R とすると，BR ＝ $12\sqrt{2} \div 2 = 6\sqrt{2}$ (cm)　よって，AR ＝ $\sqrt{AB^2 - BR^2} = \sqrt{12^2 - (6\sqrt{2})^2} = 6\sqrt{2}$ (cm)なので，立体 A—BCDE の体積は，$\frac{1}{3} \times 12 \times 12 \times 6\sqrt{2} = 288\sqrt{2}$ (cm^3)

(2) ① △ACD は 1 辺 12cm の正三角形で，P は AD の中点になるから，△ACP は 30°，60°の直角三角形。よって，CP ＝ $\sqrt{3}$AP ＝ $6\sqrt{3}$ (cm)　同様に，BQ ＝ $6\sqrt{3}$cm で，2 点 P，Q はそれぞれ AD，AE の中点なので，中点連結定理より，PQ ＝ $\frac{1}{2}$DE ＝ 6 (cm)，QP ∥ ED となる。BC ∥ ED より，BC ∥ QP となり，四角形 BCPQ は BQ ＝ CP の台形である。P から BC に垂線 PH をひくと，HC ＝ (12 − 6) ÷ 2 ＝ 3 (cm)だから，△PCH で，PH ＝ $\sqrt{(6\sqrt{3})^2 - 3^2} = 3\sqrt{11}$ (cm)　したがって，台形 BCPQ ＝ $\frac{1}{2} \times (6 + 12) \times 3\sqrt{11} = 27\sqrt{11}$ (cm^2)

② 面 ABD と面 BCPQ の交線が BP だから，AR と BP の交点が S になる。△ABD において，右図のように点 R から AD に平行な直線をひき BP との交点を T とすると，TR : PD ＝ BR : BD ＝ 1 : 2　PD ＝ 12 − 4 ＝ 8 (cm)だから，TR ＝ $\frac{1}{2}$PD ＝ 4 (cm)　よって，AS : SR ＝ AP : TR ＝ 4 : 4 ＝ 1 : 1 だから，SR ＝ $\frac{1}{2}$AR ＝ $\frac{1}{2} \times 6\sqrt{2} = 3\sqrt{2}$ (cm)

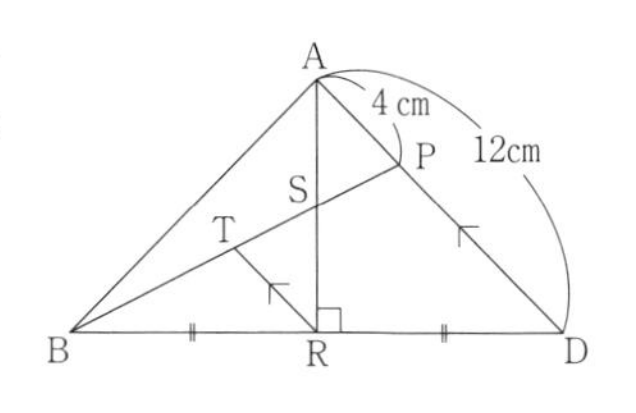

答 (1) $288\sqrt{2}$ (cm^3)　(2) ① $27\sqrt{11}$ (cm^2)　② $3\sqrt{2}$ (cm)

6 (1) BP = BC − PC = 4 − 3 = 1 (cm)　△ABP で三平方の定理より，$AP = \sqrt{AB^2 - BP^2} = \sqrt{3^2 - 1^2} = 2\sqrt{2}$ (cm)

(2) $DC = AP = 2\sqrt{2}$ cm より，△BCD で，$BD = \sqrt{BC^2 + DC^2} = \sqrt{4^2 + (2\sqrt{2})^2} = 2\sqrt{6}$ (cm)　BC ∥ AD より，BQ : DQ = BP : DA = 1 : 3　よって，$DQ = \frac{3}{4}BD = \frac{3}{4} \times 2\sqrt{6} = \frac{3\sqrt{6}}{2}$ (cm)だから，台形 QFHD の面積は，$\frac{1}{2} \times (DQ + FH) \times DH = \frac{1}{2} \times \left(\frac{3\sqrt{6}}{2} + 2\sqrt{6}\right) \times 6 = \frac{21\sqrt{6}}{2}$ (cm^2)

(3) 右図のように，R から BD に垂線 RI を引くと，RI は，四角すい RQFHD の底面を四角形 QFHD としたときの高さとなる。△BIR ∽△BCD だから，BR : BD = RI : DC　$PR = \frac{1}{2}PC = \frac{3}{2}$ (cm)より，$BR = BP + PR = 1 + \frac{3}{2} = \frac{5}{2}$ (cm)　したがって，$\frac{5}{2} : 2\sqrt{6} = RI : 2\sqrt{2}$ となるから，$2\sqrt{6}RI = 5\sqrt{2}$ より，$RI = \frac{5\sqrt{2}}{2\sqrt{6}} = \frac{5\sqrt{3}}{6}$ (cm)　よって，四角すい RQFHD の体積は，$\frac{1}{3} \times \frac{21\sqrt{6}}{2} \times \frac{5\sqrt{3}}{6} = \frac{35\sqrt{2}}{4}$ (cm^3)

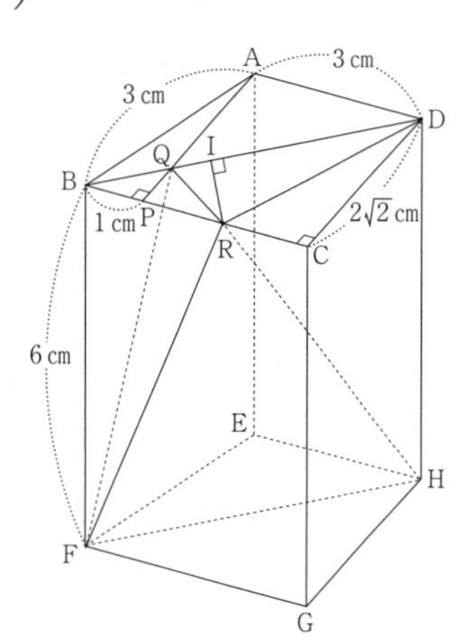

答 (1) $2\sqrt{2}$ (cm)　(2) $\frac{21\sqrt{6}}{2}$ (cm^2)　(3) $\frac{35\sqrt{2}}{4}$ (cm^3)

7 (1) それぞれを延長した直線と交わることがなく，また，平行でもない辺なので，辺 CF，辺 DF，辺 EF。

(2) △DPE，△DPF は，どちらも直角三角形だから，三平方の定理より，$DP^2 = DE^2 - EP^2$，$DP^2 = DF^2 - FP^2$ が成り立つ。よって，$DP^2 = 7^2 - x^2$，$DP^2 = 9^2 - (8 - x)^2$ より，$7^2 - x^2 = 9^2 - (8 - x)^2$　展開して，$49 - x^2 = 81 - (64 - 16x + x^2)$　整理して，$16x = 32$ より，$x = 2$

(3) $DP^2 = 7^2 - 2^2 = 45$ より，$DP = \sqrt{45} = 3\sqrt{5}$ (cm)　また，△ADP は∠ADP = 90°の直角三角形だから，$AP = \sqrt{AD^2 + DP^2} = \sqrt{6^2 + (3\sqrt{5})^2} = 9$ (cm)　右図のように，△ADP において，点 D から AP に垂線 DH を下ろすと，△ADP ∽△AHD となり，相似比は，AP : AD = 9 : 6 = 3 : 2　よって，$DH = \frac{2}{3}PD = \frac{2}{3} \times 3\sqrt{5} = 2\sqrt{5}$ (cm)となる。△ADP を辺 AP を軸として 1 回転させてできる立体は，底面が半径 DH の円で，高さが AH と PH の 2 つの円すいを合わせたものだから，その体積は，$\frac{1}{3}\pi \times (2\sqrt{5})^2 \times AH + \frac{1}{3}\pi \times (2\sqrt{5})^2 \times PH = \frac{20}{3}\pi \times (AH + PH) = \frac{20}{3}\pi \times 9 = 60\pi$ (cm^3)

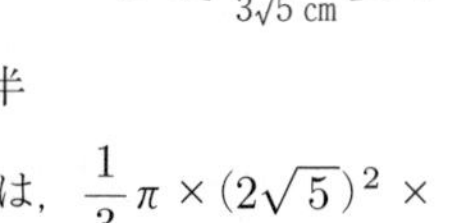

答 (1) 辺 CF，辺 DF，辺 EF　(2) ア．$9^2 - (8 - x)^2$　イ．2　(3) 60π (cm^3)

8 (1) $AC = 2\sqrt{2}$ cmで，HはACの中点となるから，$AH = 2\sqrt{2} \times \frac{1}{2} = \sqrt{2}$ (cm)　△OAHで三平方の定理より，$OH = \sqrt{OA^2 - AH^2} = \sqrt{(2\sqrt{2})^2 - (\sqrt{2})^2} = \sqrt{6}$ (cm)　よって，正四角すいOABCDの体積は，$\frac{1}{3} \times 2^2 \times \sqrt{6} = \frac{4\sqrt{6}}{3}$ (cm^3)

(2) ① $OP = x$ cmとすると，△AOPと△ABPは，辺APを共有する直角三角形だから，三平方の定理より，$AP^2 = AO^2 - OP^2 = AB^2 - BP^2$がいえる。これより，$(2\sqrt{2})^2 - x^2 = 2^2 - (2\sqrt{2} - x)^2$　展開して，$8 - x^2 = 4 - (8 - 4\sqrt{2}x + x^2)$より，$4\sqrt{2}x = 12$　よって，$x = \frac{12}{4\sqrt{2}} = \frac{3\sqrt{2}}{2}$だから，$OP : OB = \frac{3\sqrt{2}}{2} : 2\sqrt{2} = 3 : 4$　また，$\triangle ODQ \equiv \triangle OAP$より，OQ = OPだから，OQ : OC = OP : OBとなる。よって，$\triangle OPQ \backsim \triangle OBC$より，$PQ = \frac{3}{4}BC = \frac{3}{4} \times 2 = \frac{3}{2}$ (cm)

② $\triangle OPQ \backsim \triangle OBC$で，相似比は3 : 4だから，面積比は，$3^2 : 4^2 = 9 : 16$　よって，四角形PBCQ : $\triangle OBC = (16 - 9) : 16 = 7 : 16$　四角すいDPBCQ，三角すいODBCの底面をそれぞれ，四角形PBCQ，△OBCとみると，高さが等しいことから，体積の比は底面積の比に等しい。よって，(四角すいDPBCQ) = $\frac{7}{16} \times$(三角すいODBC)となる。三角すいODBCの体積は，$\frac{1}{2} \times$(四角すいOABCD) $= \frac{1}{2} \times \frac{4\sqrt{6}}{3} = \frac{2\sqrt{6}}{3}$ (cm^3)だから，四角すいDPBCQの体積は，$\frac{7}{16} \times \frac{2\sqrt{6}}{3} = \frac{7\sqrt{6}}{24}$ (cm^3)

答 (1) (OH =) $\sqrt{6}$ (cm)　(体積 =) $\frac{4\sqrt{6}}{3}$ (cm^3)　(2) ① $\frac{3}{2}$ (cm)　② $\frac{7\sqrt{6}}{24}$ (cm^3)

9 (1) ① △ABCは直角二等辺三角形だから，$AB = \frac{1}{\sqrt{2}}AC = 3\sqrt{2}$ (cm)　よって，$DE = AB = 3\sqrt{2}$ cmで，$\angle DEP = 90°$，$\angle DPE = 60°$より，△DEPは辺の比が$1 : 2 : \sqrt{3}$となるから，$DP = DE \times \frac{2}{\sqrt{3}} = 3\sqrt{2} \times \frac{2\sqrt{3}}{3} = 2\sqrt{6}$ (cm)

② BC∥QPより，BQ : QE = CP : PE = 3 : 1となるので，$BQ = BE \times \frac{3}{3+1} = 8 \times \frac{3}{4} = 6$ (cm)　△ABQで三平方の定理より，$AQ = \sqrt{BQ^2 + AB^2} = \sqrt{6^2 + (3\sqrt{2})^2} = 3\sqrt{6}$ (cm)　△ACQは$AQ = CQ = 3\sqrt{6}$ cmの二等辺三角形となるので，QからACに垂線QHを引くと，$AH = CH = 6 \div 2 = 3$ (cm)　よって，$QH = \sqrt{AQ^2 - AH^2} = \sqrt{(3\sqrt{6})^2 - 3^2} = 3\sqrt{5}$ (cm)だから，$\triangle AQC = \frac{1}{2} \times 6 \times 3\sqrt{5} = 9\sqrt{5}$ (cm^2)

(2) ① CG : GF = 1 : 3より，$CG = 8 \times \frac{1}{3+1} = 2$ (cm)，$GF = 8 - 2 = 6$ (cm)　ここで，GからADに垂線GIを引き，$DR = t$ cmとすると，$AR = 8 - t$ (cm)，$IR = AR - AI = AR - CG = 8 - t - 2 = 6 - t$ (cm)なので，△DERと△IRGで三平方の定理より，$GR^2 = IR^2 + AC^2 = (6 - t)^2 + 6^2$，$ER^2 = DR^2 + DE^2 = t^2 + (3\sqrt{2})^2$　よって，GR = ERより，$(6 - t)^2 + 6^2 = t^2 + (3\sqrt{2})^2$が成り立つので，両辺を展開して，$36 - 12t + t^2 + 36 = t^2 + 18$だから，$-12t = -54$より，$t = \frac{9}{2}$

② E から DF に垂線 EJ を引くと，△DEJ は直角二等辺三角形だから，$EJ = \frac{1}{\sqrt{2}}DE = 3$ (cm)　求める立体は，底面が台形 DFGR で高さが EJ の四角錐だから，$\frac{1}{3} \times \left\{\frac{1}{2} \times \left(\frac{9}{2} + 6\right) \times 6\right\} \times 3 = = \frac{63}{2}$ (cm³)

答 (1) ① $2\sqrt{6}$ (cm)　② $9\sqrt{5}$ (cm²)　(2) ① $\frac{9}{2}$ (cm)　② $\frac{63}{2}$ (cm³)

10 (1) 辺 BC と辺 GH は辺 BH に垂直で，辺 AG と辺 EK は辺 BH に平行。

(2) 右図アで，正六角形の 1 つの内角は 120° だから，$\angle PHI = \angle PIH = (180° - 120°) \div 2 = 30°$　したがって，△IHS，△HSP はともに 30°，60° の直角三角形となる。したがって，$HS = \frac{1}{2}HI = 2$ (cm) より，$PS = \frac{1}{\sqrt{3}}HS = \frac{2\sqrt{3}}{3}$ (cm) なので，$PQ = 2PS = \frac{4\sqrt{3}}{3}$ (cm)　よって，三角すい BHPQ の体積は，$\frac{1}{3} \times \frac{1}{2} \times \frac{4\sqrt{3}}{3} \times 2 \times 6 = \frac{8\sqrt{3}}{3}$ (cm³)

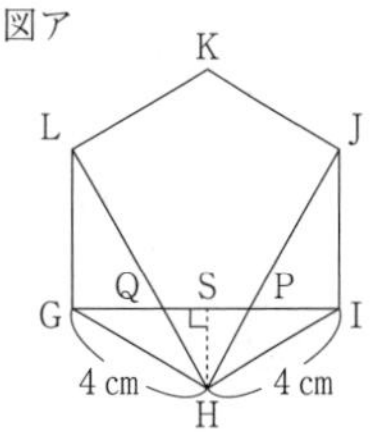

(3) 四角形 BCJG と四角形 KLAD は合同な等脚台形。△DKE で三平方の定理より，$DK = \sqrt{DE^2 + EK^2} = \sqrt{4^2 + 6^2} = 2\sqrt{13}$ (cm)　また，$AD = 2AB = 8$ (cm) より，右図イで，$DT = (8 - 4) \div 2 = 2$ (cm) だから，$KT = \sqrt{DK^2 - DT^2} = \sqrt{(2\sqrt{13})^2 - 2^2} = 4\sqrt{3}$ (cm)　よって，四角形 KLAD の面積は，$\frac{1}{2} \times (4 + 8) \times 4\sqrt{3} = 24\sqrt{3}$ (cm²)　ここで，右図イのように，△ADR の底辺を AD，高さを h cm とおくと，$\frac{1}{2} \times 8 \times h = 24\sqrt{3} \times \frac{1}{2}$ が成り立つから，これを解いて，$h = 3\sqrt{3}$　したがって，$DR : DK = h : KT = 3\sqrt{3} : 4\sqrt{3} = 3 : 4$ なので，$DR = \frac{3}{4}DK = \frac{3}{4} \times 2\sqrt{13} = \frac{3\sqrt{13}}{2}$ (cm)

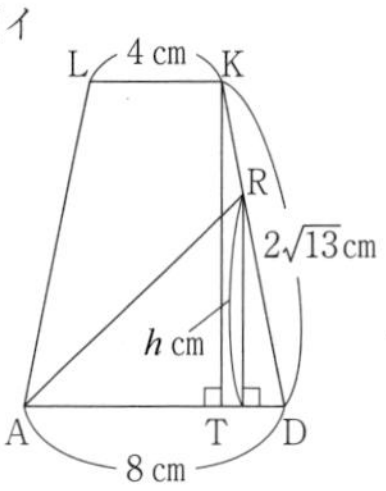

答 (1) イ，オ　(2) $\frac{8\sqrt{3}}{3}$ (cm³)　(3) $\frac{3\sqrt{13}}{2}$ (cm)

11 (1) 辺 CF，辺 EF，辺 DF の 3 本。

(2) $\left(\frac{1}{2} \times 4 \times 4\right) \times 4 = 32$ (cm³)

(3) (ア) △ABC において，中点連結定理より，$MN = \frac{1}{2}BC = \frac{1}{2} \times 4 = 2$ (cm)

(イ) 面 ABED ⊥ MN より，△MDE を底面とすると，高さは MN になる。$\triangle MDE = \frac{1}{2} \times 4 \times 4 = 8$ (cm²) より，三角すい NMDE の体積は，$\frac{1}{3} \times 8 \times 2 = \frac{16}{3}$ (cm³)

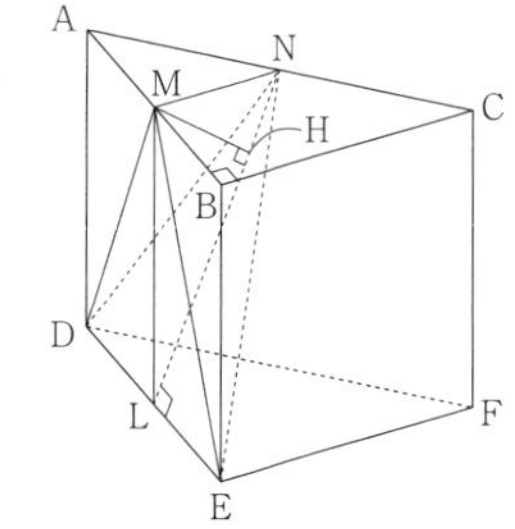

(ウ) 点Mが辺ABの中点なので，△MDEはMD = MEの二等辺三角形。さらに，△DMNと△EMNで，∠DMN = ∠EMN = 90°，MD = ME，MN = MNより，△DMN ≡ △EMNなので，DN = EN　これより，△NDEは二等辺三角形なので，右図のように点NからDEに垂線をひき，交点をLとすると，点LはDEの中点で，DE ⊥ MLにもなる。よって，ML = 4cmで，△LMNにおいて，三平方の定理より，NL = $\sqrt{\text{ML}^2 + \text{MN}^2} = \sqrt{4^2 + 2^2} = 2\sqrt{5}$ (cm)なので，△NDE = $\frac{1}{2} \times 4 \times 2\sqrt{5} = 4\sqrt{5}$ (cm²)　三角すいNMDEにおいて，MHは△NDEを底面としたときの高さになるので，MHの長さを$h$cmとすると，体積について，$\frac{1}{3} \times 4\sqrt{5} \times h = \frac{16}{3}$が成り立つ。これを解くと，$h = \frac{4\sqrt{5}}{5}$

答 (1) 3 (本)　(2) 32 (cm³)　(3) (ア) 2 (cm)　(イ) $\frac{16}{3}$ (cm³)　(ウ) $\frac{4\sqrt{5}}{5}$ (cm)

12 (1) 辺CF，辺DF，辺EFの3本が辺ABとねじれの位置にある。

(2) GはACの中点で，CG = $\frac{1}{2}$AC = $\frac{1}{2} \times 2 = 1$ (cm)なので，△ACH ∽ △BCGより，AC : CH = BC : CG = 6 : 1　これより，CH = $\frac{1}{6}$AC = $\frac{1}{6} \times 2 = \frac{1}{3}$ (cm)だから，BH = BC − CH = $6 - \frac{1}{3} = \frac{17}{3}$ (cm)　よって，△EBHにおいて，$x = \sqrt{\text{EH}^2 - \text{BH}^2} = \sqrt{7^2 - \left(\frac{17}{3}\right)^2} = \frac{2\sqrt{38}}{3}$

(3) ① △ACHにおいて，AH = $\sqrt{\text{AC}^2 - \text{CH}^2} = \sqrt{2^2 - \left(\frac{1}{3}\right)^2} = \frac{\sqrt{35}}{3}$ (cm)　よって，BI = $\frac{1}{2}$AB，IJ ∥ AHより，IJ = $\frac{1}{2}$AH = $\frac{1}{2} \times \frac{\sqrt{35}}{3} = \frac{\sqrt{35}}{6}$ (cm)

② △ABC = $\frac{1}{2}$ × BC × AH = $\frac{1}{2} \times 6 \times \frac{\sqrt{35}}{3} = \sqrt{35}$ (cm²)なので，三角柱ABC—DEF = $\sqrt{35} \times 2 = 2\sqrt{35}$ (cm³)　また，BJ = $\frac{1}{2}$BH = $\frac{1}{2} \times \frac{17}{3} = \frac{17}{6}$ (cm)より，△IBJ = $\frac{1}{2}$ × BJ × IJ = $\frac{1}{2} \times \frac{17}{6} \times \frac{\sqrt{35}}{6} = \frac{17\sqrt{35}}{72}$ (cm²)なので，三角柱IBJ—KEL = $\frac{17\sqrt{35}}{72} \times 2 = \frac{17\sqrt{35}}{36}$ (cm³)　よって，立体AIJC—DKLF = $2\sqrt{35} - \frac{17\sqrt{35}}{36} = \frac{55\sqrt{35}}{36}$ (cm³)

答 (1) ウ，オ　(2) $\frac{2\sqrt{38}}{3}$　(3) ① $\frac{\sqrt{35}}{6}$ (cm)　② $\frac{55\sqrt{35}}{36}$ (cm³)

■実戦問題演習Ⅱ (p.51～)

1 (1) 点Dから辺BEに垂線DGをひくと，GE = BE − BG = BE − AD = 4 − 2 = 2より，△DGEで三平方の定理から，$DG = \sqrt{DE^2 - GE^2} = \sqrt{(2\sqrt{2})^2 - 2^2} = 2$　よって，AB = DG = 2

(2) AB = AC = 2，BC = EF = $2\sqrt{2}$ より，△ABCは3辺の比が1：1：$\sqrt{2}$，つまり，直角二等辺三角形だから，$\triangle ABC = \frac{1}{2} \times 2 \times 2 = 2$　点Dを通り△ABCに平行な面で立体を切断し，切断面を△DGHとすると，三角柱ABC―DGHの体積は，$2 \times 2 = 4$　また，点DからGHに垂線を引いて交点をIとおくと，$DI = DG \times \frac{1}{\sqrt{2}} = \sqrt{2}$　よって，四角錐D―EFHGの体積は，$\frac{1}{3} \times 2 \times 2\sqrt{2} \times \sqrt{2} = \frac{8}{3}$　よって，求める体積は，$4 + \frac{8}{3} = \frac{20}{3}$

(3) 直線BPと直線ADの交点をJとおくと，△PDJ∽△PEBで，DJ：EB = DP：EP = $\frac{2\sqrt{2}}{3} : \left(2\sqrt{2} - \frac{2\sqrt{2}}{3}\right)$ = 1：2だから，$DJ = 4 \times \frac{1}{2} = 2$ より，AJ = 2 + 2 = 4　よって，△ABJで，$BJ = \sqrt{AB^2 + AJ^2} = \sqrt{2^2 + 4^2} = 2\sqrt{5}$　BP：JP = 2：1より，$BP = 2\sqrt{5} \times \frac{2}{2+1} = \frac{4\sqrt{5}}{3}$

(4) 右図のように点G，H，Jに加えて，切断面とDF，DG，DHとの交点をK，L，Mとおく。$(\text{三角錐J―ABC}) = \frac{1}{3} \times \triangle ABC \times AJ = \frac{1}{3} \times 2 \times 4 = \frac{8}{3}$　三角錐J―DLMと三角錐J―ABCは相似で，相似比は1：2だから，体積の比は，$1^3 : 2^3 = 1 : 8$ より，$(\text{三角錐J―DLM}) = \frac{8}{3} \times \frac{1}{8} = \frac{1}{3}$　また，△JKP∽△JMLで，$JP : JL = \frac{1}{3}JB : \frac{1}{2}JB = 2 : 3$ より，$\triangle JKP : \triangle JML = 2^2 : 3^2 = 4 : 9$　したがって，$(\text{三角錐J―DPK}) = \frac{4}{9}(\text{三角錐J―DLM}) = \frac{4}{9} \times \frac{1}{3} = \frac{4}{27}$ だから，求める体積は，$(\text{三角錐J―ABC}) - (\text{三角錐J - DPK}) = \frac{8}{3} - \frac{4}{27} = \frac{68}{27}$

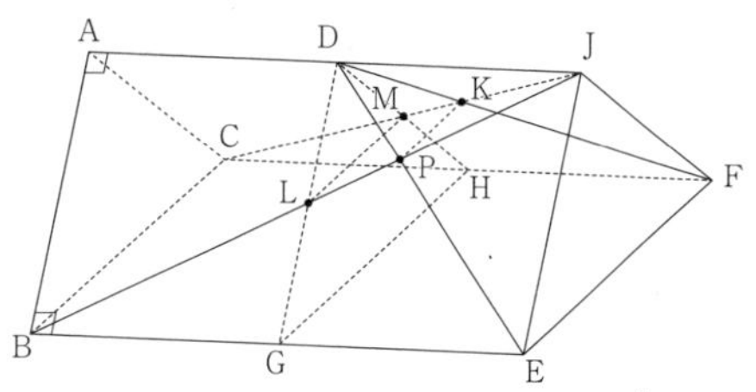

答 (1) 2　(2) $\frac{20}{3}$　(3) $\frac{4\sqrt{5}}{3}$　(4) $\frac{68}{27}$

2 (1) 右図1のように，点Hは線分AC上の点となる。△ABCは直角二等辺三角形だから，$AC = \sqrt{2}AB = 6\sqrt{2}$　△AOCはOA = OC = 6，AC = $6\sqrt{2}$ で，3辺の長さの比が1：1：$\sqrt{2}$ だから，∠AOC = 90°の直角二等辺三角形となり，∠OAC = 45°である。OH ⊥ ACより，△OAHも直角二等辺三角形だから，$OH = AH = \frac{1}{2}AC = 3\sqrt{2}$　また，点P，Rはそれぞれ辺OA，OCの中点だから，△OACで中点連結定理より，PR∥AC　Iは線分PR上の点となるから，OI：OH = OP：OA = 1：2　よって，$OI = \frac{1}{2}OH = \frac{3\sqrt{2}}{2}$

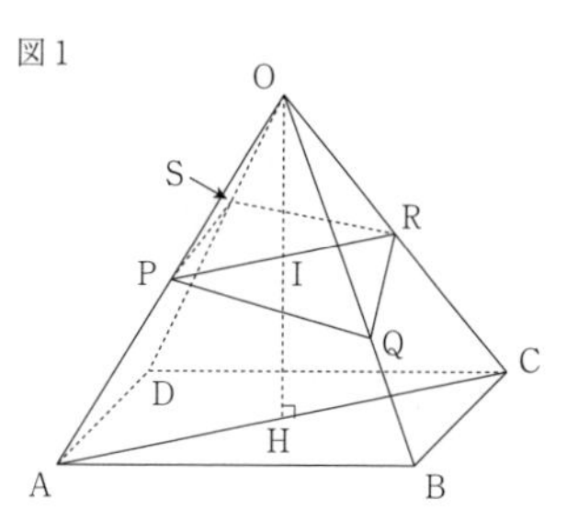

(2) △DOBは(1)の△AOCと合同な直角二等辺三角形となるので，$\angle DOB = 90°$　正四角すいO―ABCDを3点O，D，Bを通る平面で切断すると，切断面は右図2のようになり，Sは直線QIと辺ODとの交点となる。点Iから辺ODに垂線IJをひく。$OQ = OB \times \frac{2}{3} = 4$　$\angle DOH = \frac{1}{2}\angle DOB = 45°$より，△OIJは直角二等辺三角形だから，$OJ = IJ = \frac{1}{\sqrt{2}}OI = \frac{3}{2}$　JI∥OQより，SJ：SO＝JI：OQだから，SJ＝aとおくと，$a : \left(a + \frac{3}{2}\right) = \frac{3}{2} : 4$　これより，$4a = \frac{3}{2}\left(a + \frac{3}{2}\right)$だから，これを解くと，$a = \frac{9}{10}$　よって，$OS = a + \frac{3}{2} = \frac{9}{10} + \frac{3}{2} = \frac{12}{5}$　また，$\triangle OSQ = \frac{1}{2} \times OS \times OQ = \frac{1}{2} \times \frac{12}{5} \times 4 = \frac{24}{5}$

図2

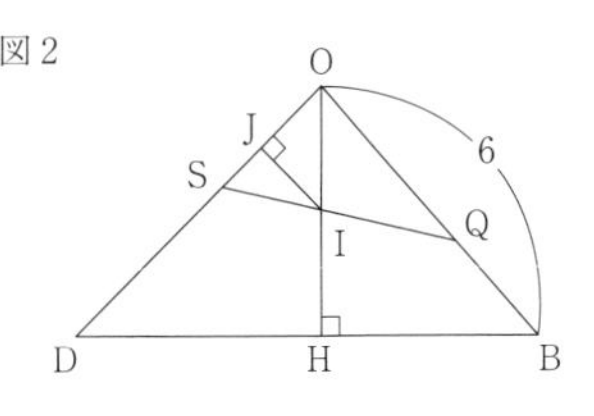

(3) 図1の△OAHで，点P，Iはそれぞれ辺OA，OHの中点だから，$PI = \frac{1}{2}AH = \frac{3\sqrt{2}}{2}$　同様に，$RI = \frac{3\sqrt{2}}{2}$　また，△OSQは平面ODB上にあるから，PI⊥△OSQ，RI⊥△OSQ　よって，四角すいO―PQRSは2つの合同な三角すいP―OSQと三角すいR―OSQを合わせたものになるので，求める体積は，$\left(\frac{1}{3} \times \frac{24}{5} \times \frac{3\sqrt{2}}{2}\right) \times 2 = \frac{24\sqrt{2}}{5}$

答 (1) ア．$3\sqrt{2}$　イ．$\frac{3\sqrt{2}}{2}$　(2) ウ．90　エ．$\frac{12}{5}$　オ．$\frac{24}{5}$　(3) カ．$\frac{24\sqrt{2}}{5}$

3 (1) ① △ABC∽△DEFとなるから，$\angle EDF = a°$　よって，$\angle DEF = (180° - a°) \div 2 = 90° - \frac{1}{2}a°$

② CからFDに垂線CMをひくと，CM＝AD＝4cm，FM＝FD－CA＝4－3＝1(cm)　△CFMで三平方の定理より，$CF = \sqrt{4^2 + 1^2} = \sqrt{17}$ (cm)

(2) ① $a = 60$のとき，△DEFは正三角形なので，$\angle JDF = 60° \times \frac{1}{2} = 30°$，$\angle JFD = 60°$より，△DJFは3辺の比が$1 : 2 : \sqrt{3}$の直角三角形となるから，$DJ = \frac{\sqrt{3}}{2}DF = \frac{\sqrt{3}}{2} \times 4 = 2\sqrt{3}$ (cm)　△ADJは，∠ADJ＝90°の直角三角形だから，$AJ = \sqrt{AD^2 + DJ^2} = \sqrt{4^2 + (2\sqrt{3})^2} = 2\sqrt{7}$ (cm)　KG∥JDより，AG：AD＝AK：AJだから，$x : 4 = 2 : 2\sqrt{7}$より，$2\sqrt{7}x = 8$　よって，$x = \frac{8}{2\sqrt{7}} = \frac{4\sqrt{7}}{7}$

② 右図のように，辺AD，CF，BEの延長の交点をOとし，OA＝$x$cmとおく。AC∥DFより，OA：OD＝AC：DF＝3：4だから，$x : (x + 4) = 3 : 4$　これより，$4x = 3(x + 4)$を解いて，$x = 12$　また，GI∥DFより，OG：OD＝GI：DFだから，13：16＝GI：4　これより，$GI = \frac{13}{4}$ (cm)　ここで，立体HI―EFDは，三角すいO―EFDから三角すいO―GHIと三角すいD―GHIを除いたもの。△DEF，△GHIは正三角形だから，$\triangle DEF = \frac{1}{2} \times 4 \times \left(4 \times \frac{\sqrt{3}}{2}\right) = 4\sqrt{3}$ (cm^2)，$\triangle GHI = \frac{1}{2} \times \frac{13}{4} \times \left(\frac{13}{4} \times \frac{\sqrt{3}}{2}\right) = \frac{169\sqrt{3}}{64}$

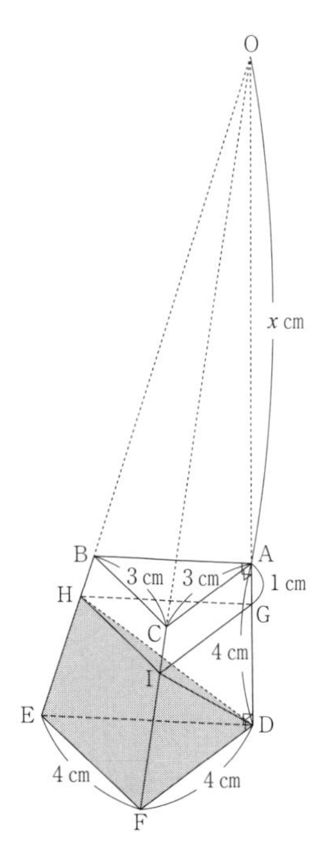

(cm^2)　よって，立体 HI―EFD の体積は，$\frac{1}{3}\times\triangle\mathrm{DEF}\times\mathrm{OD}-\frac{1}{3}\times\triangle\mathrm{GHI}\times\mathrm{OG}-\frac{1}{3}\times\triangle\mathrm{GHI}\times\mathrm{DG}=\frac{1}{3}\times\triangle\mathrm{DEF}\times\mathrm{OD}-\frac{1}{3}\times\triangle\mathrm{GHI}\times(\mathrm{OG}+\mathrm{DG})=\frac{1}{3}\times4\sqrt{3}\times16-\frac{1}{3}\times\frac{169\sqrt{3}}{64}\times16=\frac{29\sqrt{3}}{4}$ (cm^3)

答 (1) ① $90°-\frac{1}{2}a°$　② $\sqrt{17}$ (cm)　(2) ① $\frac{4\sqrt{7}}{7}$　② $\frac{29\sqrt{3}}{4}$ (cm^3)

4 (1) 三角錐 A―FHE は直方体に対して，底面積で $\frac{1}{2}$ 倍，錐体として $\frac{1}{3}$ 倍するから，体積は，$\frac{1}{2}\times\frac{1}{3}=\frac{1}{6}$ (倍)

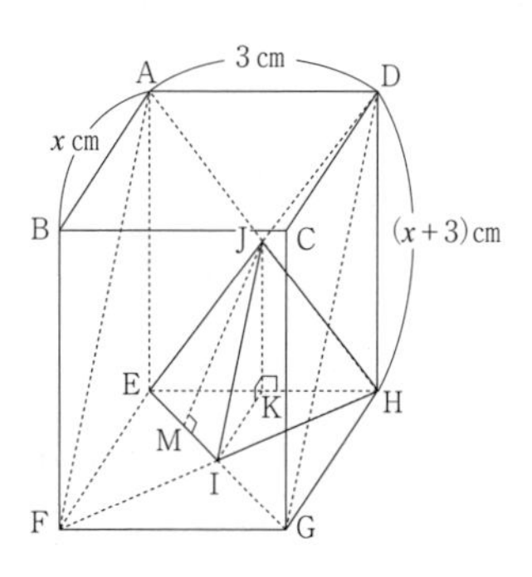

(2) 右図のように，FH と EG の交点を I，AH と DE の交点を J とすると，立体 S は三角錐 J―EIH となる。このとき，EI : EG = 1 : 2 より，$\triangle\mathrm{EIH}=\frac{1}{2}\triangle\mathrm{EGH}$　また，J から EH に垂線 JK をひくと，JK ∥ DH より，JK : DH = EJ : ED = 1 : 2　よって，立体 S は三角錐 D―EGH に対して，底面積で $\frac{1}{2}$ 倍，高さで $\frac{1}{2}$ 倍した錐体だから，体積は，$\frac{1}{2}\times\frac{1}{2}=\frac{1}{4}$ (倍)

(3) (ア) 求める長さは JI の長さ。△JIK は∠JKI = 90° の直角三角形で，$\mathrm{JK}=\frac{3+3}{2}=3$ (cm)，$\mathrm{KI}=\frac{3}{2}$ cm だから，三平方の定理より，$\mathrm{JI}=\sqrt{3^2+\left(\frac{3}{2}\right)^2}=\frac{3\sqrt{5}}{2}$ (cm)

(イ) △AED で，AD = 3 cm，AE = 6 cm より，$\mathrm{DE}=\sqrt{3^2+6^2}=3\sqrt{5}$ (cm) だから，$\mathrm{JE}=\frac{1}{2}\mathrm{DE}=\frac{3\sqrt{5}}{2}$ (cm)　また，EF = FG = 3 cm より，△EFG は直角二等辺三角形で，$\mathrm{EG}=\sqrt{2}\mathrm{EF}=3\sqrt{2}$ (cm) だから，$\mathrm{EI}=\frac{1}{2}\mathrm{EG}=\frac{3\sqrt{2}}{2}$ (cm)　△JEI は JE = JI の二等辺三角形だから，J から EI に垂線 JM をひくと，$\mathrm{EM}=\frac{1}{2}\mathrm{EI}=\frac{3\sqrt{2}}{4}$ (cm)　△JEM で，$\mathrm{JM}=\sqrt{\left(\frac{3\sqrt{5}}{2}\right)^2-\left(\frac{3\sqrt{2}}{4}\right)^2}=\frac{9\sqrt{2}}{4}$ (cm)　△JEI ≡ △JHI だから，立体 S の表面積は，$\triangle\mathrm{JEH}+\triangle\mathrm{JEI}+\triangle\mathrm{JHI}+\triangle\mathrm{IEH}=\frac{1}{2}\times3\times3+\left(\frac{1}{2}\times\frac{3\sqrt{2}}{2}\times\frac{9\sqrt{2}}{4}\right)\times2+\frac{1}{2}\times3\times\frac{3}{2}=\frac{27}{2}$ (cm^2)

(4) 前図で，$\mathrm{KI}=\frac{x}{2}$ cm，$\mathrm{JK}=\frac{x+3}{2}$ cm だから，$\mathrm{V}_3=\frac{1}{3}\times\left(\frac{1}{2}\times3\times\frac{x}{2}\right)\times\frac{x+3}{2}=\frac{1}{8}x(x+3)$ より，$\frac{1}{8}x(x+3)=5$ が成り立つ。式を整理して，$x^2+3x-40=0$ より，$(x+8)(x-5)=0$ だから，$x=-8,\ 5$　$x>0$ より，$x=5$

答 (1) $\frac{1}{6}$ (倍)　(2) $\frac{1}{4}$ (倍)　(3) (ア) $\frac{3\sqrt{5}}{2}$ (cm)　(イ) $\frac{27}{2}$ (cm^2)　(4) 5

5 (1) AHは1辺の長さが4cmの正三角形の高さだから，$AH = \frac{\sqrt{3}}{2}AB = \frac{\sqrt{3}}{2} \times 4 = 2\sqrt{3}$ (cm)　点F，Iはそれぞれ AB，BHの中点だから，△ABHで中点連結定理より，$FI = \frac{1}{2}AH = \frac{1}{2} \times 2\sqrt{3} = \sqrt{3}$ (cm)

(2) ① 点GはAEの中点だから，△ABEで中点連結定理より，

$FG = \frac{1}{2}BE = \frac{1}{2} \times 4 = 2$ (cm)

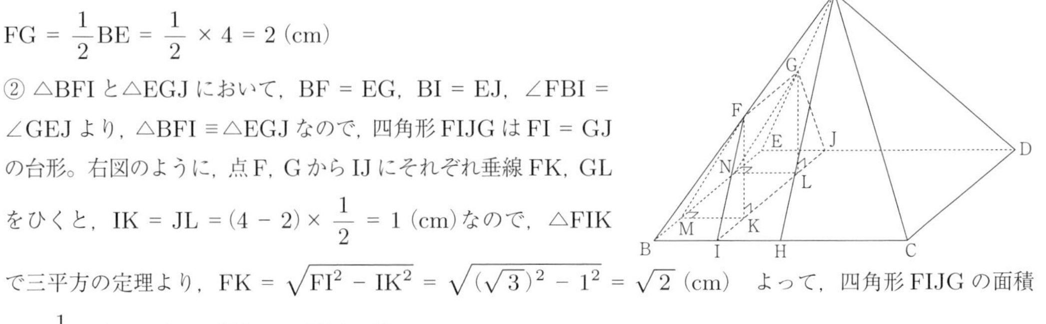

② △BFIと△EGJにおいて，BF = EG，BI = EJ，∠FBI = ∠GEJより，△BFI ≡ △EGJなので，四角形FIJGはFI = GJの台形。右図のように，点F，GからIJにそれぞれ垂線FK，GLをひくと，$IK = JL = (4-2) \times \frac{1}{2} = 1$ (cm)なので，△FIKで三平方の定理より，$FK = \sqrt{FI^2 - IK^2} = \sqrt{(\sqrt{3})^2 - 1^2} = \sqrt{2}$ (cm)　よって，四角形FIJGの面積は，$\frac{1}{2} \times (2+4) \times \sqrt{2} = 3\sqrt{2}$ (cm^2)

(3) 前図のように，点K，Lから辺BEにそれぞれ垂線KM，LNをひくと，立体FBI—GEJは，四角錐F—BIKM，四角錐G—EJLN，三角柱FMK—GNLに分けられる。2つの四角錐は，底面積が，$1 \times 1 = 1$ (cm^2)，高さが$\sqrt{2}$ cmだから，体積は，$\frac{1}{3} \times 1 \times \sqrt{2} = \frac{\sqrt{2}}{3}$ (cm^3)　三角柱の底面積は，$\triangle FMK = \frac{1}{2} \times 1 \times \sqrt{2} = \frac{\sqrt{2}}{2}$ (cm)で，高さはFG = 2cmだから，体積は，$\frac{\sqrt{2}}{2} \times 2 = \sqrt{2}$ (cm^3)　よって，立体FBI—GEJの体積は，$\frac{\sqrt{2}}{3} \times 2 + \sqrt{2} = \frac{5\sqrt{2}}{3}$ (cm^3)

答 (1) (AH =) $2\sqrt{3}$ (cm)　(FI =) $\sqrt{3}$ (cm)　(2) ① 2 (cm)　② $3\sqrt{2}$ (cm^2)　(3) $\frac{5\sqrt{2}}{3}$ (cm^3)

6 (1) $AC = \sqrt{2}AB = 4\sqrt{2}$ (cm)

(2) ① △OACはOA = OCの二等辺三角形だから，OMはACの垂直二等分線。よって，∠OMA = 90°

② $AM = \frac{1}{2}AC = 2\sqrt{2}$ (cm)　よって，$OM = \sqrt{OA^2 - AM^2} = \sqrt{4^2 - (2\sqrt{2})^2} = 2\sqrt{2}$ (cm)

(3) 正四角すいO—ABCDの体積は，$\frac{1}{3} \times 4 \times 4 \times 2\sqrt{2} = \frac{32\sqrt{2}}{3}$ (cm^3)　また，2つの四角すいは相似で，その体積比は，$1^3 : 2^3 = 1 : 8$ なので，求める立体の体積は正四角すいO—ABCDの，$(8-1) \div 8 = \frac{7}{8}$

よって，$\frac{32\sqrt{2}}{3} \times \frac{7}{8} = \frac{28\sqrt{2}}{3}$ (cm^3)

(4) ABを含む方の立体は右図のようになり，点E，FからABに垂線EP，FRをひき，点P，RからCDに垂線PQ，RSをひいて，点EとQ，点FとSをそれぞれ結ぶと，この立体は，四角すいE—APQD，三角柱EPQ—FRS，四角すいF—RBCSの3つに分けることができる。ここで，点E，Fから底面ABCDに垂線ET，FUをひくと，点T，UはそれぞれPQ，RS上にあり，$ET = FU = \frac{1}{2}OM = \sqrt{2}$ (cm)　また，$EF = \frac{1}{2}AB = 2$ (cm)，$AP = RB = (4-2) \div 2 = 1$ (cm)，PQ = RS = BC = 4cm　よって，求める体積は，$\frac{1}{3} \times 1 \times 4 \times \sqrt{2} + \frac{1}{2} \times 4 \times \sqrt{2} \times 2 + \frac{1}{3} \times 1 \times 4 \times \sqrt{2} = \frac{20\sqrt{2}}{3}$ (cm^3)

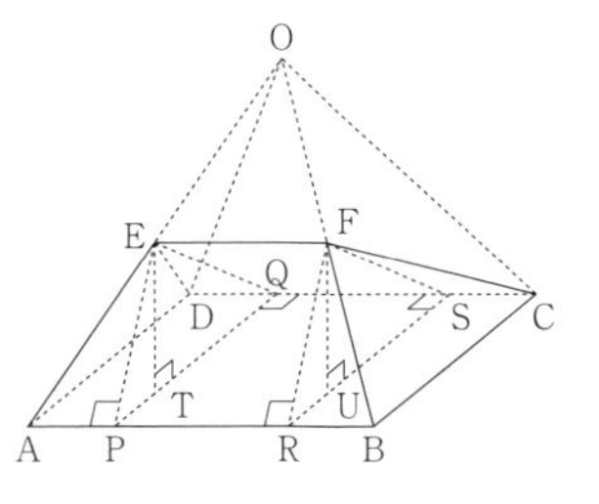

答 (1) $4\sqrt{2}$ (cm)　(2) ① 90°　② $2\sqrt{2}$ (cm)　(3) $\dfrac{28\sqrt{2}}{3}$ (cm^3)　(4) $\dfrac{20\sqrt{2}}{3}$ (cm^3)

7 (1) $\angle POQ = 60°$，$OP : OQ = 2 : 4 = 1 : 2$ より，$\triangle POQ$ は 30°，60° の直角三角形となる。よって，$PQ = \sqrt{3}OP = \sqrt{3} \times 2 = 2\sqrt{3}$ (cm)

(2) $PQ = PR = 2\sqrt{3}$ cm　また，$\triangle OBC$ において，$OQ : OB = OR : OC = 4 : 6 = 2 : 3$ より，$QR /\!/ BC$ となり，$QR = \dfrac{2}{3}BC = \dfrac{2}{3} \times 6 = 4$ (cm)　よって，$\triangle PQR$ は等辺が $2\sqrt{3}$ cm，底辺が 4 cm の二等辺三角形となるから，高さは，$\sqrt{(2\sqrt{3})^2 - \left(4 \times \dfrac{1}{2}\right)^2} = 2\sqrt{2}$ (cm)　したがって，$\triangle PQR = \dfrac{1}{2} \times 4 \times 2\sqrt{2} = 4\sqrt{2}$ (cm^2)

(3) ① $\triangle QBH$ は 30°，60° の直角三角形だから，$QB = 6 - 4 = 2$ (cm) より，$BH = 2 \times \dfrac{1}{2} = 1$ (cm)，$QH = 2 \times \dfrac{\sqrt{3}}{2} = \sqrt{3}$ (cm)　また，辺 OA と平面 QSTR が平行だから，$QS /\!/ OA$　これより，$\triangle QSB$ は正三角形だから，$QS = SB = QB = 2$ cm　よって，$\triangle SBH$ は，$\angle SBH = 60°$，$SB = 2$ cm，$BH = 1$ cm より，30°，60° の直角三角形だから，$\angle SHB = 90°$，$SH = \sqrt{3}$ cm　以上より，$\triangle HQS$ は，等辺が，$QH = SH = \sqrt{3}$ cm，底辺が，$QS = 2$ cm の二等辺三角形となるから，高さは，$\sqrt{(\sqrt{3})^2 - \left(2 \times \dfrac{1}{2}\right)^2} = \sqrt{2}$ (cm)　したがって，$\triangle HQS = \dfrac{1}{2} \times 2 \times \sqrt{2} = \sqrt{2}$ (cm^2)

② 点 R から辺 BC に垂線 RI を引くと，求める立体の体積は，(三角錐 B—HQS の体積) + (三角柱 HQS—IRT の体積) + (三角錐 C—IRT の体積)　三角錐 B—HQS において，$\angle SHB = \angle QHB = 90°$ より，$BH \perp \triangle HQS$ だから，体積は，$\dfrac{1}{3} \times \triangle HQS \times BH = \dfrac{1}{3} \times \sqrt{2} \times 1 = \dfrac{\sqrt{2}}{3}$ (cm^3)　また，三角錐 C—IRT の体積は三角錐 B—HQS と同じで $\dfrac{\sqrt{2}}{3}$ cm^3，三角柱 HQS—IRT の体積は，$\triangle HQS \times HI = \sqrt{2} \times (6 - 1 \times 2) = 4\sqrt{2}$ (cm^3)　よって，求める立体の体積は，$\dfrac{\sqrt{2}}{3} \times 2 + 4\sqrt{2} = \dfrac{14\sqrt{2}}{3}$ (cm^3)

答 (1) $2\sqrt{3}$ (cm)　(2) $4\sqrt{2}$ (cm^2)　(3) ① $\sqrt{2}$ (cm^2)　② $\dfrac{14\sqrt{2}}{3}$ (cm^3)

8 (1) ℓ の値が最も小さくなるのは，右図のような側面の展開図の一部において，3 点 M，Q，P が一直線に並ぶ場合。$DM = \dfrac{1}{2}DE = 2$ (cm)，$FM = DF + DM = 4 + 2 = 6$ (cm) で，$\triangle FMP$ において三平方の定理より，$MP = \sqrt{FM^2 + FP^2} = \sqrt{6^2 + 8^2} = 10$ (cm) なので，$\ell = 10$

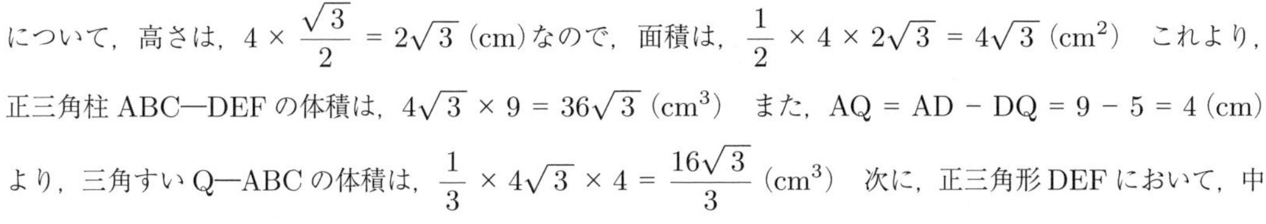

(2) 立体 Q—BPNM の体積は，正三角柱 ABC—DEF から，三角すい Q—ABC，三角すい Q—DMN，立体 BC—MEFN を取り除いて求められる。まず，正三角形 ABC について，高さは，$4 \times \dfrac{\sqrt{3}}{2} = 2\sqrt{3}$ (cm) なので，面積は，$\dfrac{1}{2} \times 4 \times 2\sqrt{3} = 4\sqrt{3}$ (cm^2)　これより，正三角柱 ABC—DEF の体積は，$4\sqrt{3} \times 9 = 36\sqrt{3}$ (cm^3)　また，$AQ = AD - DQ = 9 - 5 = 4$ (cm) より，三角すい Q—ABC の体積は，$\dfrac{1}{3} \times 4\sqrt{3} \times 4 = \dfrac{16\sqrt{3}}{3}$ (cm^3)　次に，正三角形 DEF において，中

点連結定理より，MN∥EF で，△DMN∽△DEF となり，相似比は，MN : EF = 1 : 2 なので，面積比は，△DMN : △DEF = $1^2 : 2^2 = 1 : 4$　△DEF = △ABC = $4\sqrt{3}\,\mathrm{cm}^2$ なので，△DMN = △DEF × $\frac{1}{4}$ = $\sqrt{3}\,(\mathrm{cm}^2)$　これより，三角すい Q—DMN の体積は，$\frac{1}{3} \times \sqrt{3} \times 5 = \frac{5\sqrt{3}}{3}\,(\mathrm{cm}^3)$　ここで，立体 BC—MEFN は面 NBF によって，四角すい B—MEFN と三角すい N—BCF に分けられる。四角形 MEFN = △DEF − △DMN = $4\sqrt{3} - \sqrt{3} = 3\sqrt{3}\,(\mathrm{cm}^2)$ より，四角すい B—MEFN の体積は，$\frac{1}{3} \times 3\sqrt{3} \times 9 = 9\sqrt{3}\,(\mathrm{cm}^3)$　また，△BCF = $\frac{1}{2} \times 4 \times 9 = 18\,(\mathrm{cm}^2)$ で，三角すい N—BCF の底面を△BCF とすると，N が DF の中点であることから，このときの高さは，△DEF で EF を底辺としたときの高さの $\frac{1}{2}$ で，$2\sqrt{3} \times \frac{1}{2} = \sqrt{3}\,(\mathrm{cm})$　これより，三角すい N—BCF の体積は，$\frac{1}{3} \times 18 \times \sqrt{3} = 6\sqrt{3}\,(\mathrm{cm}^3)$　よって，求める体積は，$36\sqrt{3} - \left(\frac{16\sqrt{3}}{3} + \frac{5\sqrt{3}}{3} + 9\sqrt{3} + 6\sqrt{3}\right) = 14\sqrt{3}\,(\mathrm{cm}^3)$

答 (1) あ. 1　い. 0　(2) う. 1　え. 4　お. 3

9 (1) △OBC において，中点連結定理より，PQ = $\frac{1}{2}$BC = $\frac{1}{2} \times 6 = 3\,(\mathrm{cm})$

(2) ① 右図アの△OAB において，AP ⊥ OB のとき，△OAP と△BAP は，AP を共有する直角三角形となるから，$\mathrm{AP}^2 = \mathrm{AO}^2 - \mathrm{OP}^2 = \mathrm{AB}^2 - \mathrm{BP}^2$ が成り立つ。OP = x cm とすると，BP = $(6\sqrt{3} - x)$ cm だから，$(6\sqrt{3})^2 - x^2 = 6^2 - (6\sqrt{3} - x)^2$　展開して，$108 - x^2 = 36 - (108 - 12\sqrt{3}x + x^2)$ より，$12\sqrt{3}x = 180$ だから，$\sqrt{3}x = 15$ となり，$x = \frac{15}{\sqrt{3}} = 5\sqrt{3}$　よって，OP = $5\sqrt{3}$ cm，PB = $6\sqrt{3} - 5\sqrt{3} = \sqrt{3}\,(\mathrm{cm})$ だから，OP : PB = $5\sqrt{3} : \sqrt{3} = 5 : 1$

図ア

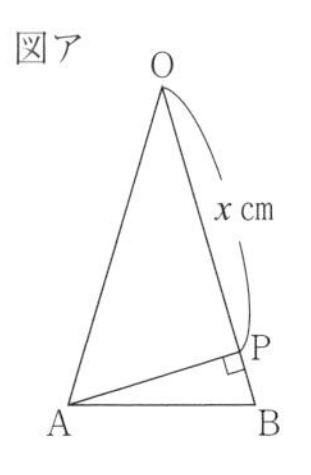

② DQ = AP，PQ∥BC となる。△BAP において，AP = $\sqrt{6^2 - (\sqrt{3})^2} = \sqrt{33}\,(\mathrm{cm})$，PQ = BC × $\frac{5}{5+1} = \frac{5}{6}$BC = 5 (cm) だから，求める長さは，$5 + 2 \times \sqrt{33} = 5 + 2\sqrt{33}\,(\mathrm{cm})$

(3) 右図イは，面 OAB，OBC，OCD の展開図で，糸の長さが最も短くなるとき，その長さは線分 AD と等しい。図の対称性より，AD∥BC で，●印の角はすべて等しくなる。よって，△ABP，△DCQ は二等辺三角形だから，AP = QD = AB = 6 cm　また，△ABP∽△OAB より，AB : BP = OA : AB = $6\sqrt{3} : 6 = \sqrt{3} : 1$ だから，BP = $\frac{1}{\sqrt{3}}$AB = $\frac{6}{\sqrt{3}} = 2\sqrt{3}$ (cm)　また，△OPQ∽△OAB，OP = OB − BP = $6\sqrt{3} - 2\sqrt{3} = 4\sqrt{3}$ (cm) より，PQ = $\frac{1}{\sqrt{3}}$OP = $\frac{4\sqrt{3}}{\sqrt{3}} = 4\,(\mathrm{cm})$　したがって，AD = AP + PQ + QD = 6 + 4 + 6 = 16 (cm)

図イ

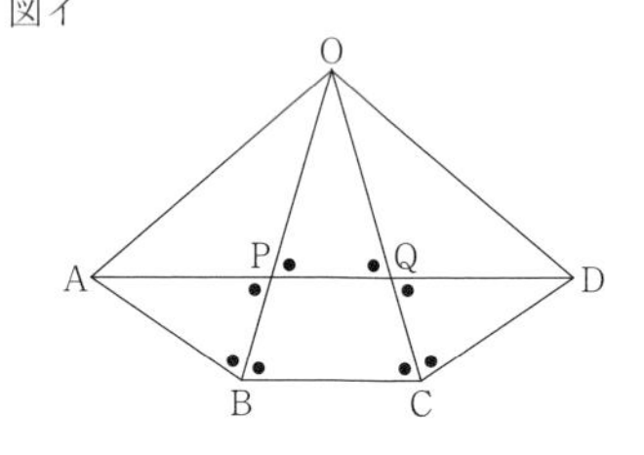

答 (1) 3 (cm)　(2) ① 5 : 1　② $5 + 2\sqrt{33}$ (cm)　(3) 16 (cm)

10 (1) 点Pが線分GI上にある場合で，右図アのように四角形ACIGを含む平面において，点Gについて点Mと対称な点M′をとると，ℓ = PC + PM = PC + PM′ だから，ℓの最小の値は線分CM′の長さと等しい。ACの長さは，右図イのように1辺が2cmの正三角形の高さの2倍だから，$2 \times \frac{\sqrt{3}}{2} \times 2 = 2\sqrt{3}$ (cm)　GM′ = GM = $8 \times \frac{1}{2} = 4$ (cm)，AM′ = 8 + 4 = 12 (cm)だから，△ACM′で三平方の定理より，CM′ = $\sqrt{(2\sqrt{3})^2 + 12^2} = 2\sqrt{39}$ (cm)

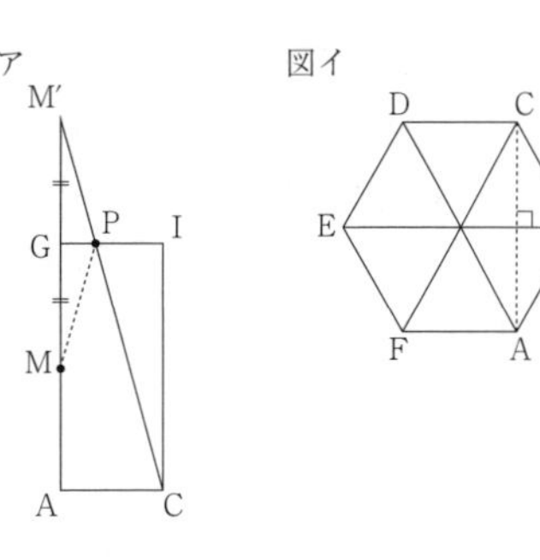

(2) (ア) △ACMで，CM = $\sqrt{(2\sqrt{3})^2 + 6^2} = 4\sqrt{3}$ (cm)　次に，DN = a cmとおくと，△CDNで，$CN^2 = 2^2 + a^2 = 4 + a^2$　また，点NからAGに垂線NSをひくと，AS = DN = a cmだから，MS = $6 - a$ (cm)　NS = AD = 2 × 2 = 4 (cm)だから，△MNSで，$MN^2 = (6 - a)^2 + 4^2 = a^2 - 12a + 52$　条件より，$MN^2 = CN^2$だから，$a^2 - 12a + 52 = 4 + a^2$が成り立つ。これを解くと，$a = 4$より，MN = CN = $\sqrt{4 + 4^2} = 2\sqrt{5}$ (cm)　ここで，点NからCMに垂線NTをひくと，NT ⊥ CMで，CT = $\frac{1}{2}$CM = $2\sqrt{3}$ (cm)だから，△CNTで，NT = $\sqrt{(2\sqrt{5})^2 - (2\sqrt{3})^2} = 2\sqrt{2}$ (cm)　したがって，△CMN = $\frac{1}{2} \times 4\sqrt{3} \times 2\sqrt{2} = 4\sqrt{6}$ (cm^2)

(イ) 立体Q—BDFの高さは，右図ウのように点QからACにひいた垂線QUになる。MQ : CQ = MA : IC = 6 : 8 = 3 : 4だから，QU : MA = CQ : CM = 4 : (3 + 4) = 4 : 7　これより，QU = $\frac{4}{7}$MA = $\frac{24}{7}$ (cm)　また，正六角形ABCDEFは右図エのように6等分できるので，△BDFの面積は正六角形ABCDEFの面積の$\frac{1}{2}$であり，これは1辺が2cmの正三角形の面積3個分と等しいから，△BDF = $\left(\frac{1}{2} \times 2 \times \sqrt{3}\right) \times 3 = 3\sqrt{3}$ (cm^2)　よって，立体Q—BDFの体積は，$\frac{1}{3} \times 3\sqrt{3} \times \frac{24}{7} = \frac{24\sqrt{3}}{7}$ (cm^3)

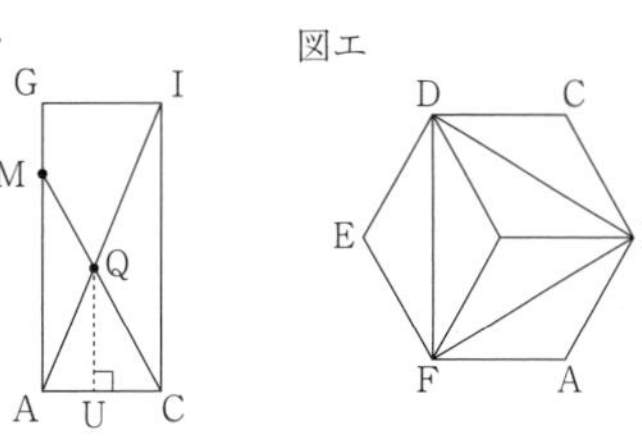

答 (1) $2\sqrt{39}$ (cm)　(2) (ア) $4\sqrt{6}$ (cm^2)　(イ) $\frac{24\sqrt{3}}{7}$ (cm^3)

11 (1) 底面の正六角形は，1辺の長さが6cmの正三角形6つに分けられる。この正三角形は，高さが，$6 \times \frac{\sqrt{3}}{2} = 3\sqrt{3}$ (cm)だから，面積は，$\frac{1}{2} \times 6 \times 3\sqrt{3} = 9\sqrt{3}$ (cm^2)　よって，底面の正六角形の面積は，$9\sqrt{3} \times 6 = 54\sqrt{3}$ (cm^2)　側面積は，$(6 \times 6) \times a = 36a$ (cm^2)だから，求める表面積は，$36a + 54\sqrt{3} \times 2 = 36a + 108\sqrt{3}$ (cm^2)

(2) AE, GIの長さはともに1辺6cmの正三角形の高さの2倍だから，$3\sqrt{3} \times 2 = 6\sqrt{3}$ (cm)　三平方の定理を利用すると，△GIMで，$GM^2 = GI^2 + IM^2 = (6\sqrt{3})^2 + 4^2 = 124$ だから，△AGMで，$AM^2 = AG^2 + GM^2 = 9^2 + 124 = 205$　また，△AENで，$AN^2 = AE^2 + EN^2 = (6\sqrt{3})^2 + x^2 = x^2 + 108$　次に，MJ = 2cmで，右図アのように点KからIJに垂線KOをひくと，△KJOは30°，60°の直角三角形で，$JO = \frac{1}{2}KJ = 3$ (cm)だから，MO = 2 + 3 = 5 (cm)　また，$KO = 3\sqrt{3}$cm　これより，△KMOで，$MK^2 = 5^2 + (3\sqrt{3})^2 = 52$ だから，$NK = (9 - x)$ cmより，△NMKで，$NM^2 = MK^2 + NK^2 = 52 + (9 - x)^2 = x^2 - 18x + 133$　ここで，∠ANM = 90°のとき，△AMNで，$AN^2 + NM^2 = AM^2$ が成り立つから，$x^2 + 108 + x^2 - 18x + 133 = 205$　整理して，$x^2 - 9x + 18 = 0$ より，$(x - 3)(x - 6) = 0$ だから，$x = 3, 6$　$0 < x < \frac{9}{2}$ より，$x = 3$

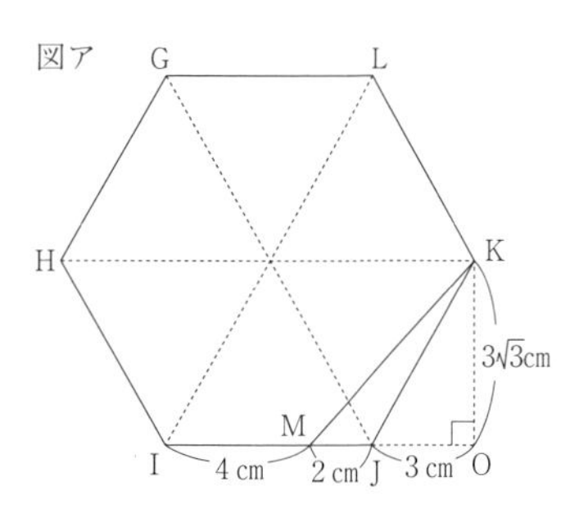

(3) 線分GJとMKとの交点をPとすると，立体A—DMNは，三角すいK—APDと三角すいM—APDに分けられる。このとき，AD = 6 × 2 = 12 (cm)より，$△APD = \frac{1}{2} \times 12 \times 10 = 60$ (cm²)　また，面AGJDと面GHIJKLは垂直に交わるので，右図イのように点K，MからそれぞれGJにひいた垂線KQ，MRが，三角すいK—APD，M—APDの高さになる。$KQ = IQ = 3\sqrt{3}$cmで，MR : IQ = JM : JI = 1 : 2より，$MR = \frac{1}{2}IQ = \frac{3\sqrt{3}}{2}$ (cm)　よって，求める体積は，$\frac{1}{3} \times 60 \times 3\sqrt{3} + \frac{1}{3} \times 60 \times \frac{3\sqrt{3}}{2} = 90\sqrt{3}$ (cm³)

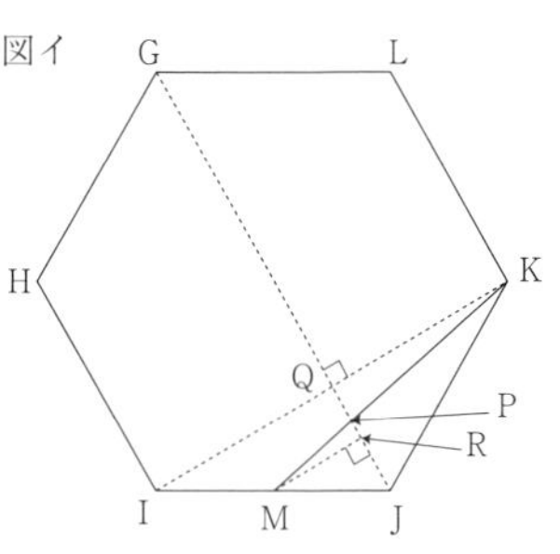

答 (1) $36a + 108\sqrt{3}$ (cm²)　(2) 3　(3) $90\sqrt{3}$ (cm³)

12 (1) $(3 + 4) \times 2 \times 12 = 168$ (cm²)

(2) $BD = \sqrt{BC^2 + CD^2} = \sqrt{4^2 + 3^2} = 5$ (cm)なので，$BW = 5 \times \frac{1}{1 + 4} = 1$ (cm)　また，BQ = 12 − 5 = 7 (cm)　よって，$AQ = \sqrt{BW^2 + BQ^2} = \sqrt{1^2 + 7^2} = 5\sqrt{2}$ (cm)より，$PW = 15 - 5\sqrt{2}$ (cm)

(3) 図2のジュースの体積は，3 × 4 × 5 = 60 (cm³)　図3のジュースは，台形LGHMを底面とし，LG = $x$cmとすると，$MH = 12 \times \frac{1}{2} = 6$ (cm)より，体積について，$\frac{1}{2}(x + 6) \times 3 \times 4 = 60$ が成り立ち，これを解くと，$x = 4$　ここで，次図アのように，点GからLMと平行な線をひき，MHとの交点をVとすると，四角形LGVMは平行四辺形なので，MV = LG = 4cm，VH = 6 − 4 = 2 (cm)　これより，$GV = \sqrt{GH^2 + VH^2} = \sqrt{3^2 + 2^2} = \sqrt{13}$ (cm)　平行四辺形LGVMの面積は，4 × 3 = 12 (cm)で，GVを底辺としたときの高さは，$12 \div \sqrt{13} = \frac{12\sqrt{13}}{13}$ (cm)　また，△GHVの面積は，$\frac{1}{2} \times 2 \times 3 = 3$ (cm²)で，GVを底辺としたときの高さを$h$cmとすると，$\frac{1}{2} \times \sqrt{13} \times h = 3$ より，$h = \frac{6\sqrt{13}}{13}$ (cm)　よって，机の面から水面までの高さは，$\frac{12\sqrt{13}}{13} + \frac{6\sqrt{13}}{13} = \frac{18\sqrt{13}}{13}$ (cm)

(4) 条件より，$FS = 4 - 3 = 1$ (cm)　この容器を，点 U を通り面 EFGH に平行な面で切断し，次図イのように点 V，X をとる。この立体を，面 UNRST で切断していると考えると，切断面の性質より，UN ∥ TS で，△UVN ∽△SGT　これより，$VN : UV = GT : SG = 2 : 3$ なので，$VN = \frac{2}{3}UV = \frac{8}{3}$ (cm)となり，$NE = 4 - \frac{8}{3} = \frac{4}{3}$ (cm)　同様に，△NRE ∽△TUX より，$RE = \frac{3}{2}NE = 2$ (cm)となり，$RF = 3 - 2 = 1$ (cm)　ここで，次図ウのように，UN と HE の延長線の交点を Y とすると，UH ∥ NE より，$YE : YH = NE : UH = \frac{4}{3} : 4 = 1 : 3$ となり，$YE = EH \times \frac{1}{3-1} = 4 \times \frac{1}{2} = 2$ (cm)　同様に，UT と HG の延長線の交点を Z とおくと，$ZG : ZH = TG : UH = 2 : 4 = 1 : 2$ より，$ZG = GH \times \frac{1}{2-1} = 3$ (cm)　以上のことから，△RFS，△REY，△ZGS は，等しい辺の長さがそれぞれ，1 cm，2 cm，3 cm，の直角二等辺三角形となり，RS の延長線が Y，Z と交わることがわかる。よって，求める体積は，三角すい U—HYZ から三角すい N—EYR と三角すい T—GSZ をひけばよいので，$YH = 2 + 4 = 6$ (cm)，$ZH = 3 + 3 = 6$ (cm)より，$\frac{1}{2} \times 6 \times 6 \times 4 \times \frac{1}{3} - \frac{1}{2} \times 2 \times 2 \times \frac{4}{3} \times \frac{1}{3} - \frac{1}{2} \times 3 \times 3 \times 2 \times \frac{1}{3} = 24 - \frac{8}{9} - 3 = \frac{181}{9}$ (cm^3)

図ア

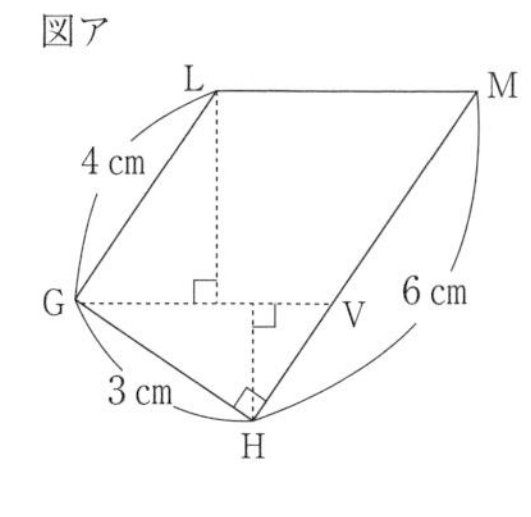

図イ

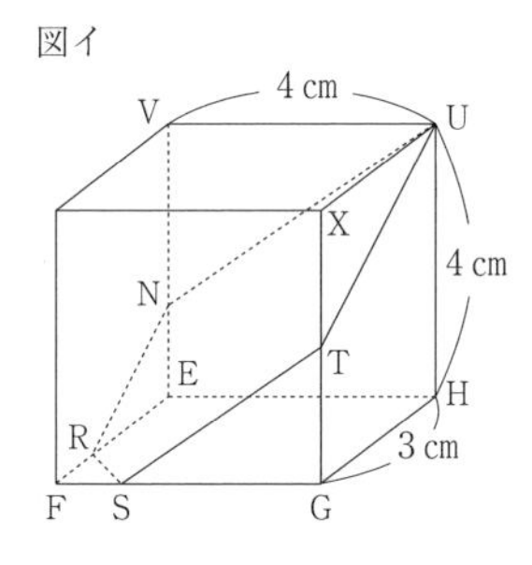

図ウ

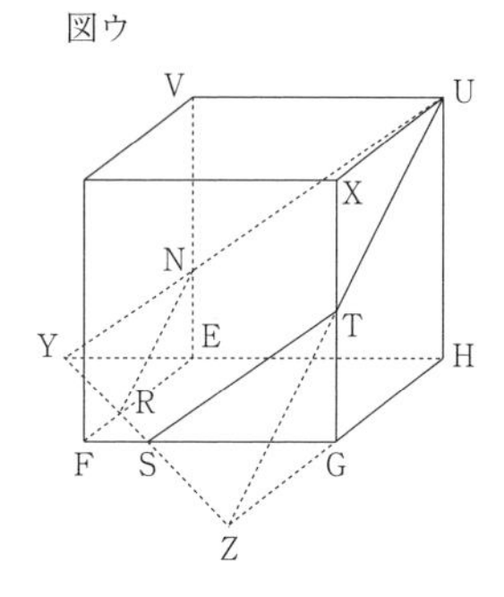

答 (1) 168 (cm^2)　(2) $15 - 5\sqrt{2}$ (cm)　(3) $\frac{18\sqrt{13}}{13}$ (cm)　(4) $\frac{181}{9}$ (cm^3)

13 (1) $\triangle CPB = \frac{1}{2}\triangle CAB = \frac{1}{2} \times \left(\frac{1}{2} \times 4 \times 2\right) = 2$ (cm^2)だから，$\frac{1}{2} \times PB \times 2 = 2$ より，$PB = 2$ (cm)　これと，$AB = 4$ cm，$\angle APB = 90°$ より，△APB は 30°，60° の直角三角形だから，$AP = \sqrt{3}PB = 2\sqrt{3}$ (cm)　よって，$\triangle APB = \frac{1}{2} \times 2\sqrt{3} \times 2 = 2\sqrt{3}$ (cm^2)だから，三角すい C—APB の体積は，$\frac{1}{3} \times 2\sqrt{3} \times 2 = \frac{4\sqrt{3}}{3}$ (cm^3)

(2) 三角すい C—APB の体積が最大となるのは△APB の面積が最大のときで，これは AB を底辺とした場合の高さが最大になるときだから，△APB は $AP = BP$ の直角二等辺三角形。このとき，$AP = BP = \frac{1}{\sqrt{2}}AB = 2\sqrt{2}$ (cm)だから，$\triangle APB = \frac{1}{2} \times 2\sqrt{2} \times 2\sqrt{2} = 4$ (cm^2)で，三角すい C—APB の体積は，$\frac{1}{3} \times 4 \times 2 = \frac{8}{3}$ (cm^3)　また，三平方の定理より，△ABC で，$AC = \sqrt{4^2 + 2^2} = 2\sqrt{5}$ (cm)，△BCP で，$PC = \sqrt{(2\sqrt{2})^2 + 2^2} = 2\sqrt{3}$ (cm)　これより，△APC で，$AC^2 = AP^2 + PC^2$ が成り立つから，三平方の定理の逆より，△APC は $\angle APC = 90°$ の直角三角形。よって，$\triangle APC = \frac{1}{2} \times 2\sqrt{2} \times 2\sqrt{3} =$

$2\sqrt{6}$ (cm^2)より，三角すいC—APBの体積について，$\dfrac{1}{3}\times 2\sqrt{6}\times \mathrm{BH}=\dfrac{8}{3}$が成り立つ。これを解いて，$\mathrm{BH}=\dfrac{2\sqrt{6}}{3}$ (cm)

(3) 条件より，$\overset{\frown}{\mathrm{AQ}}:\overset{\frown}{\mathrm{QP}}:\overset{\frown}{\mathrm{PB}}=1:1:1$だから，半円の中心をOとすると次図アのように△OAQ，△OQP，△OPBは正三角形で，△ABQは30°，60°の直角三角形。これより，$\mathrm{BQ}=\dfrac{\sqrt{3}}{2}\mathrm{AB}=2\sqrt{3}$ (cm)　また，AB∥QPで，AB：QP＝2：1だから，APとBQの交点をSとすると，BS：SQ＝AB：QP＝2：1で，$\mathrm{SQ}=\dfrac{1}{3}\mathrm{BQ}=\dfrac{2\sqrt{3}}{3}$ (cm)，$\mathrm{BS}=2\mathrm{SQ}=\dfrac{4\sqrt{3}}{3}$ (cm)　ここで，次図イのように△APCと△BCQの交線が線分CSだから，次図ウのように△BCQにおいてCSとQMの交点がRとなる。このとき，点MからBQに平行な直線をひきCSとの交点をTとすると，MT：BS＝CM：CB＝1：2だから，$\mathrm{MT}=\dfrac{1}{2}\mathrm{BS}=\dfrac{2\sqrt{3}}{3}$ (cm)　これより，MT：SQ＝1：1とわかるので，MR：QR＝MT：SQ＝1：1　さらに点RからBQに垂線RUをひくと，RU：MB＝QR：QM＝1：2だから，$\mathrm{RU}=\dfrac{1}{2}\mathrm{MB}=\dfrac{1}{2}$ (cm)　よって，三角すいR—APBの高さが$\dfrac{1}{2}$cmとわかる。図アで，△APBは30°，60°の直角三角形だから，$\mathrm{BP}=\dfrac{1}{2}\mathrm{AB}=2$ (cm)，$\mathrm{AP}=\sqrt{3}\mathrm{BP}=2\sqrt{3}$ (cm)で，$\triangle\mathrm{APB}=\dfrac{1}{2}\times 2\times 2\sqrt{3}=2\sqrt{3}$ (cm^2)　したがって，求める体積は，$\dfrac{1}{3}\times 2\sqrt{3}\times\dfrac{1}{2}=\dfrac{\sqrt{3}}{3}$ (cm^3)

図ア

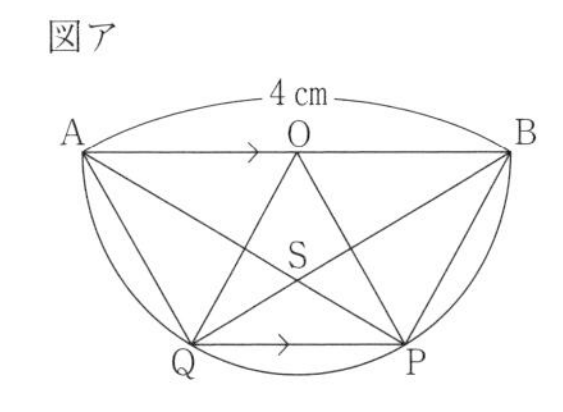

図イ

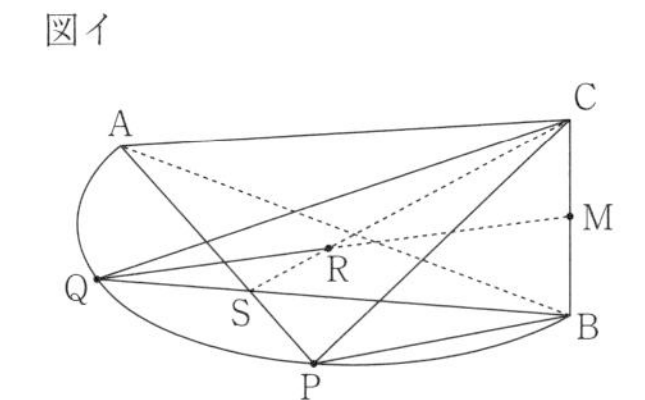

図ウ

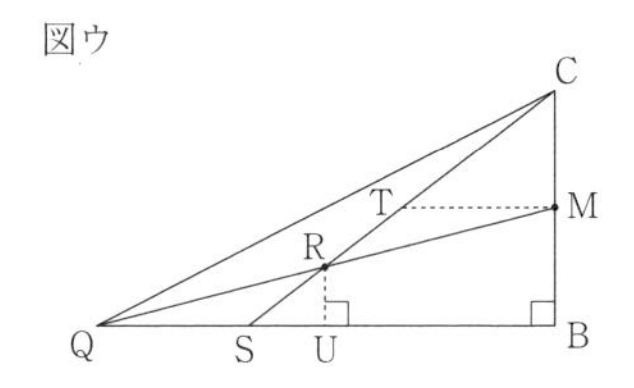

答 (1) $\dfrac{4\sqrt{3}}{3}$ (cm^3)　(2) $\dfrac{2\sqrt{6}}{3}$ (cm)　(3) $\dfrac{\sqrt{3}}{3}$ (cm^3)

~MEMO~

ISBN978-4-8154-3557-8

C6300 ¥1200E

定価 1,320円

(本体 1,200円＋税10%)

乱丁、落丁 客注

書店CD：187280 05

コメント：6300

受注日付：241129

受注No：117949

ISBN：9784815435578

1／1

42 ココからはがして下さい

発行人 久保 博彦

印刷所 デジタル総合印刷株式会社

製本所 株式会社 三木製本工芸社

発行所 株式会社 英俊社

英俊社

〒550-0011 大阪市西区阿波座1-9-9
阿波座パークビル6F

電話(営業)：06-7712-4372

電話(編集)：06-7712-4373

ホームページ：https://book.eisyun.jp/

●万一、誤りと疑われる箇所がございましたら、弊社HP「誤記／誤植情報」をご確認ください。
https://book.eisyun.jp/products/teisei/

●誤記／誤植情報が掲載されていない場合は、弊社HP「お問い合わせフォーム」からお問い合わせください。
https://book.eisyun.jp/inquiry/index.html